普通高等教育网络空间安全系列教材

虚拟专用网技术及应用

杜学绘 曹利峰 杨 艳 编著

科学出版社

北 京

内 容 简 介

　　虚拟专用网技术是实现网络安全互联和远程/移动安全接入访问的关键技术，是安全保密程度较高的网络环境或者保障重要业务安全采取的重要技术之一，既是网络安全保障人员也是黑客在防护或攻击活动中经常应用的技术。本书作者根据 20 多年来围绕虚拟专用网技术的研究成果以及实践教学经历，在抽丝剥茧、科学务实的层面，从虚拟专用的概念、原理、安全模型、构建技术、安全管理、系统实现以及应用方案等多个维度，深入剖析虚拟专用网的技术理论知识、技术实现方法及技术应用。

　　本书融入了科研成果理论，内容层次分明、案例真实、特点鲜明。本书可以作为通信、信息安全、网络空间安全、网络攻防等专业本科生、硕士生的教材，也可以作为广大教学、科研和工程技术人员的参考书。

图书在版编目（CIP）数据

虚拟专用网技术及应用 / 杜学绘，曹利峰，杨艳编著. — 北京：科学出版社，2023.8
普通高等教育网络空间安全系列教材
ISBN 978-7-03-076155-2

Ⅰ. ①虚…　Ⅱ. ①杜…　②曹…　③杨…　Ⅲ. ①虚拟网络－高等学校－教材　Ⅳ. ①TP393.01

中国国家版本馆 CIP 数据核字(2023)第 149373 号

责任编辑：于海云 / 责任校对：王　瑞
责任印制：吴兆东 / 封面设计：马晓敏

科学出版社出版
北京东黄城根北街 16 号
邮政编码：100717
http://www.sciencep.com
固安县铭成印刷有限公司印刷
科学出版社发行　各地新华书店经销
*
2023 年 8 月第 一 版　开本：787×1092　1/16
2025 年 1 月第三次印刷　印张：10 1/2
字数：265 000

定价：59.00 元
（如有印装质量问题，我社负责调换）

前　　言

随着人们的生活、工作以及交流越来越依赖于互联网，网络安全问题日益突出，个人隐私数据、商业数据、工作数据等在网络传输中面临的安全问题尤其突出，其泄露将直接影响人们的生活、工作，甚至国家的安全。而且，无线网络以及移动终端的快速发展，促使移动安全办公、移动安全支付、合作安全交流、在线安全会议等移动安全互联与安全接入的需求是迫切的。而虚拟专用网技术具有安全组网和安全接入的功能，是基于公共 IP 网络构建的独立的、自治的、安全的虚拟网络，不仅可以基于传统的互联网，还可以基于无线网络。它不仅可以满足总部与分支机构、总部与合作伙伴之间的安全互联，而且也可以满足远程或移动用户随时随地安全接入到内部网络进行授权访问。虚拟专用网技术可应用于电子商务、电子政务、军事通信等多个领域，也可应用于黑客进行隐秘攻击、翻墙违规访问等，可见，该技术在网络攻防、网络安全保障中具有非常重要的地位。

本书作者团队从 2000 年开始研究虚拟专用网技术，开展了多项相关课题的研究，建立了安全 VPN 模型，形成了 VPN 技术理论体系，自主研发了安全 VPN 系统，并将其应用于警务、税务、政务、银行、学校、工商等领域，曾获省科技进步奖一等奖、二等奖，团队对 VPN 技术具有独到的见解。本书是在作者团队长期研究成果的基础上编写而成的，其内容能够满足我国高等学校和研究机构培养高素质信息安全人才的需求。

党的二十大报告指出："教育、科技、人才是全面建设社会主义现代化国家的基础性、战略性支撑。"为全面落实立德树人根本任务，围绕我国高等学校信息安全、网络空间安全等专业的教学需求和人才培养目标，对标高水平一流教材建设要求，本书从内容编排上突出系统性、整体性、实用性等。本书具有以下几个特点：一是作者均为虚拟专用网技术的研究者，参与过安全 VPN 系统的研制及应用；二是本书内容为作者对团队 VPN 技术研究成果及工程经验的总结，具有很强的学术性、工程性和应用性；三是以 VPN 构建的网络层次为纲展开内容的组织，内容不仅包括 VPN 基础理论，也包括 VPN 构建技术、实现及应用，内容逻辑性强；四是本书不仅有对技术的阐述，也有对技术的分析、真实案例的引入，以及网络适应性分析，有助于读者对技术的理解及应用。

全书共 10 章。第 1 章是虚拟专用网概述（曹利峰编写），介绍虚拟专用网的产生背景和概念，分析虚拟专用网的特征，以及实现 VPN 的关键技术。第 2 章为安全 VPN 模型（曹利峰编写），分析传统 VPN 模型的不足，给出一个基于虚拟子网的安全 VPN 模型，从 VPN实体、VPN 成员、安全隧道、安全策略以及虚拟专用子网、虚拟专用网形式化表示，讲述VPN 的构成，分析安全 VPN 模型的特点。第 3 章为远程拨号 VPN 技术（杜学绘、杨艳编写），简要介绍远程拨号 VPN 的基础协议，详细阐述 PPTP 和 L2TP 构建远程拨号 VPN 的方法，并分析远程拨号 VPN 工作过程中分配内部 IP 地址的问题。第 4 章为 IPsec VPN 技术（曹利峰编写），介绍 IPsec VPN 的产生背景、协议体系、工作模式，详细阐述 IPsec VPN中的安全隧道协议 AH、ESP 以及安全隧道建立协议 IKE，分析 IPsec VPN 的最小集以及网络适应性问题。第 5 章为 SSL VPN 技术（杜学绘编写），包括 SSL VPN 产生背景、基本原理、SSL VPN 构建协议等，对 SSL VPN 安全性进行了分析，并介绍开源 OPenSSL。第 6 章 Socks VPN 技术（曹利峰编写），包括 Socks VPN 产生的背景、Socks VPN 工作过程、Socks 协议以及 Socks VPN 的应用。第 7 章为 MPLS VPN 技术（杜学绘、杨艳编写），包括 MPLS 协议、MPLS 基本工作原理、MPLS 标记及其应用，以及 MPLS VPN 的基本过程。第 8 章为 VPN 安全管理方法（杜学绘编写），包括策略管理框架及用于进行 VPN 安全管理的协议。第 9 章为 VPN 系统实现机制（曹利峰编写），介绍 Windows 和 Linux 下 VPN 系统的实现方法。第 10 章为 VPN 典型的网络安全解决方案（曹利峰编写），给出了基于 VPN 的网络安全互联方案、基于 VPN 的移动安全接入方案，以及 VPN 综合网络安全解决方案。杜学绘对本书进行统一策划与设计，并做了书稿的校对与统稿工作。

　　在本书的编写过程中，作者得到了中国人民解放军战略支援部队信息工程大学网络安全技术团队与信息系统安全教研室全体人员的鼓励、支持和帮助。网络安全技术团队自成立以来，承担了多项国家和省部级重点课题，培养了一批优秀的信息安全人才，书中的重难点分析、案例等都是由科研成果转化而来的。在此，特别感谢带领团队做了大量开创性工作、取得优秀教学科研成果的团队负责人陈性元教授，这些工作与成果也是成就本书的基础与前提。

　　本书是作者团队在信息安全领域辛勤耕耘 20 余年的成果结晶，希望本书的出版能够为我国信息安全人才的培养、信息安全技术的发展略尽绵薄之力。

　　由于作者水平有限且时间仓促，书中难免存在疏漏之处，敬请广大读者不吝赐教。

作　者

2022 年 12 月

目　　录

第1章 虚拟专用网概述

1.1 虚拟专用网的产生背景

随着互联网的飞速发展、网络的普及，人们需要随时、随地以任意的接入方式联入企业网、政府网，并进行移动办公。另外，随着企业的发展壮大，企业分支机构越来越多，合作伙伴越来越密集，企业与各分支机构、合作伙伴之间也需要随时通信以保持业务往来。这都涉及远程接入与网络互联问题。但是，在远程接入、网络互联中，存在着身份假冒、信息窃改、信息泄露等安全威胁。

在传统的广域网互联中，通常的做法是租用 PSTN、X.25、FR 或 DDN 等线路，为每个分支机构、合作伙伴建立独立的专用网络（简称专网），组成企业或企业间的专用网络，专用网络的主要优点是安全性、带宽及服务质量（QoS）都能得到保证；缺点是大量的独立专用网络不仅存在着重复投资、资源利用率低等问题，而且增加了管理负担，成本高。但随着互联网的发展，特别是宽带 IP 技术的产生和发展，Internet（互联网）的服务质量和带宽已经有了明显的改善，可靠性和可用性也大为增强，Internet 已经提供了经济、便利、快速、可靠和灵活的 WAN 通信，可是，互联网仍不能提供与专用网相比的安全性。VPN 技术就是在这样的一个背景下提出来的，即依托于公共网络（简称公网）实现专用网络的功能，它兼备了两者的优点，既能运行于互联网或公共 IP 网络之上，又能提供足够的安全性。

1.2 虚拟专用网的概念

1.2.1 虚拟专用网概念演进

虚拟专用网概念由专网、最初的 VPN 概念，演进到今天的 IP-VPN 概念，共经历了专用网络、基于全数字接入的虚拟专用网和现代的虚拟专用网等三个阶段。

1）专用网络

第一个阶段是专用网络。对于要求永久连接的情况，LAN 通过租用的专用线路（简称专线，如 DDN 等）互联而组成专网，远程用户通过 PSTN 直接拨入企业的访问服务器。显然，其可以获得比较稳定的连接性能，企业网的安全性也容易得到保障，因为必须使用专用的设备，并能接触到线路，才能获取到租用线路上的数据。但是，从用户的角度来说，它的通信费用高得惊人，企业需要自己去管理这样一个远程网络。从服务提供商的角度，由于用户独占的原因，即使线路没有数据传输，或流量不大，其他用户也无法利用，所以，线路的利用率不高。

2）基于全数字接入的虚拟专用网

第二个阶段是基于全数字接入的虚拟专用网。上述原因促使数据通信行业人员和服务提供商设计并实现大量的统计复用方案，利用拥有的基础设施，为用户提供仿真的租用线路。这些仿真的租用线路称为虚电路（Virtual Circuit，VC），虚电路可以是始终可用的永久虚电路（PVC），也可以是根据需要而建立的交换虚电路（SVC）。这里用户将不同的 LAN 或节点通过如帧中继（Frame Relay）或 ATM 提供的虚电路连接在一起，服务提供商利用虚拟环路技术将其他不相关的用户隔离开。这些方案为用户提供的服务几乎与上述租用专线相同，但由于服务提供商可以从大量的客户中获得统计性效益，因此，这些服务的价格较专网便宜。

这两个阶段称为永久性 VPN。

3）现代的虚拟专用网

第三个阶段是现代的虚拟专用网，即基于 IP 的虚拟专用网，称为 IP-VPN。在这个阶段，VPN 主要有以下三个主要特点。

一是基于公共 IP 网络。

二是提供一种将公共 IP 网络"化公为私"的组网手段，主要优势是组网经济。

三是保证在公网环境下所组建的网络具有一定的"私有性、专用性"，即安全性。

从提供组网服务的角度看，VPN 技术有两种实现方式：一是利用服务提供商的 IP 网络基础设施提供 VPN 服务；二是利用公共网络资源构建 VPN。特别是互联网、3G/4G/5G 网络的发展，使得人们随时随地进行快速组网成为可能。

从网络安全的角度来看，由于 VPN 技术，特别是基于 IPsec 安全协议的 IP-VPN 技术是一种包含加密、认证、访问控制、网络审计等多种安全机制的较为全面的网络安全技术，能够提供网络安全整体解决方案，而且随着互联网的发展，其安全优势越来越突出，为移动安全接入、安全互联等提供了重要支撑，其也会不断得到完善和发展。这也是出现"安全 VPN"概念的原因，目的是同没有采用密码技术和访问控制技术等网络安全技术的某些服务提供商提供的 VPN 相区别。

1.2.2　VPN 定义

人们对 VPN 定义的理解存在着不同的角度。

1）从组网的角度来看

RFC 2547 将 VPN 定义为：将连接在公共网络设施上的站点集合，通过应用一些策略建立了许多由这些站点组成的子集，并且只有当两个站点至少属于某个子集时，它们之间才有可能通过公共网络进行 IP 互联，每个这样的子集就是一个 VPN。

该定义反映的是一种现象，强调的是站点之间的组网，它将 VPN 定义为两个或多个站点的集合，比较通俗、形象、客观。

2）从安全传输的角度来看

有学者将 VPN 定义为：利用不安全的公用互联网作为信息传输媒介，通过附加的安全隧道、用户认证等技术实现与专用网络相类似的安全性能，从而实现对重要信息的安全传输。

该定义关注的是载体、技术和目标。

上述两个定义从不同的观点出发，对 VPN 进行了解释，基本反映了 VPN "基于公共 IP 网络、组网、安全性"特点。但是，阐述都比较片面。VPN 的概念不仅要反映 VPN 基本特征，还必须反映 VPN 的内涵，即"虚拟""专用""网络""安全"以及构建安全、独占、自治的虚拟网络。

针对上述定义存在的问题，国内最具有代表性和确切的定义是由陈性元教授提出的。他将 VPN 定义为：利用公共 IP 网络设施，将属于同一安全域的站点，通过隧道技术等手段，并采用加密、认证、访问控制等综合安全机制，构建安全、独占、自治的虚拟网络。

该定义首先反映了 VPN 是一个虚拟的网络，还是一个安全的，给用户的感觉是独自占有，且具有传统网络功能的网络；其次强调了这个虚拟网络是构建在公共 IP 网络之上的，构建方法是将同属于一个安全域的站点，通过隧道技术互联在一起。该网络的安全性是由综合的安全机制来保证的，如加密机制、认证机制、访问控制机制、安全审计机制等。

1.3 虚拟专用网的基本特征

陈性元提出的 IP-VPN 的定义不仅反映了 VPN 的主要特征，更强调了安全性和组网的功能。IP-VPN 的定义揭示了 IP-VPN 的四个本质特征。

（1）基于公共的 IP 网络环境：在 VPN 前冠以 IP 的根本原因。由于像互联网这样的 IP 网络环境建构在诸多的 TCP/IP 标准协议之上，有着工业界最广泛的支持，所以，利用 VPN 技术组网便利、经济、可靠、可用，同时组网灵活，具有良好的适应性和可扩展性。

（2）安全性：VPN "专用"的最主要内涵之一。由于其构建在公共 IP 网络之上，所以要采用网络安全技术，来保证同一"安全域"内网络信息的机密性、完整性、可鉴别性和可用性，这样才能实现 IP-VPN 真正意义上的"专用、私有"。这也是 VPN 的关键所在，所以说安全性是 IP-VPN 的生命。

（3）独占性：用户使用 VPN 时的一种感觉，其实用户是与其他用户或其他单位共享该公共网络设施的，独占性也是"专用、私有"的内涵之一。

（4）自治性：虚拟专用网尽管是公共网络虚拟构建的，但同传统的专用网络一样，它是一个自治网络系统，必须具有网络的一切功能，具备网络的可用性、可管理性，所以 VPN 应该是自成一体的独立网络系统，具有协议独立性，即具有多协议支持的能力，可以使用非 IP 协议（如 IPX 等）；具有地址独立性，即可以自行定义满足自己需要的地址空间，并且允许不同的 VPN 之间地址空间重叠、VPN 内的地址空间和公共网络的地址空间重叠。

因此，安全性、独占性及自治性，使得构建在公共 IP 网络环境上的 VPN 能够真正做到"虚拟、专用"。

1.4 虚拟专用网的工作原理

本节以传统的 VPN 拓扑结构来对 VPN 基本工作原理进行讲解，如图 1.1 所示。IP-VPN 设备保护 LAN1、LAN2，LAN1 和 LAN2 之间的安全互联依赖于两个网络边界的 IP-VPN

构建的安全隧道。IP-VPN 设备包括的基本功能有访问控制、报文认证、报文加解密、IP 隧道协议封装/解封装等。VPN 基本工作过程主要包括发送、接收等。

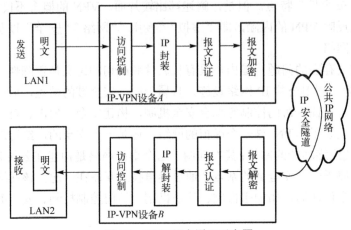

图 1.1　VPN 基本原理示意图

1）发送过程

LAN1 中的 IP 数据包到达 IP-VPN 设备时：

第一步为访问控制，即安全策略的判断。若允许外出，则直接按照路由进行转发；若为拒绝，则释放 IP 数据包；若为 VPN 安全策略，则查找安全关联（SA），获取安全服务参数，对 IP 数据包进行相应的处理。

第二步为 IP 封装，依据安全隧道协议对 IP 数据报文进行封装，封装后的数据报文的 IP 地址为安全隧道两端的地址，即 IP-VPN 设备 A、B 的外部 IP 地址。对新封装的数据报文，加上认证摘要长度，重新计算数据报文长度、校验和，并填充到数据报文最外部的 IP 头中。

第三步为报文认证，按照安全隧道协议的认证要求，对封装后的数据报文进行完整性认证处理，并将认证摘要附在报文末位。

第四步为报文加密，按照安全隧道协议的加密要求，对数据报文进行加密，用加密后的密文替换报文中相应的明文。

将安全处理后 IP 数据包交付给公共 IP 网络，在 IP 安全隧道的保护下传递给 LAN2 的边界 VPN 网关。

2）接收过程

接收过程与发送过程相对应。接收方收到数据包后，对数据包进行装配还原，即碎包组包，还原为大的数据包。

第一步为报文解密。按照安全隧道协议要求，查找安全关联，对数据报文进行解密处理，并替换密文部分。

第二步为报文认证。对数据报文进行完整性认证，判断数据报文是否在传输过程中被窜改，若完整性不一致，则丢弃数据包。

第三步为 IP 解封装。对数据报文进行解封装，去掉安全隧道协议部分、IP 封装部分，还原出 LAN1 到 LAN2 的原始数据包。

第四步为访问控制。对数据包进行访问控制处理,判断数据包的安全策略是否为 VPN 安全策略,若不是,则丢弃数据包。

被允许的将数据包交由路由处理,转发到 LAN2 中。

1.5　虚拟专用网的分类

依据不同的标准和观点,VPN 有不同的分类。本节重点从利于理解 VPN 的原则,对 VPN 分类进行了较为系统的总结。大致可以分为按 VPN 的构建者分类、按 VPN 隧道的边界分类、按 VPN 应用模式分类以及按安全隧道协议分类等。

1)按 VPN 的构建者分类

按 VPN 的构建者分类,VPN 可以分为由服务提供商提供的 VPN 和由客户自行构建的 VPN 两种类型。

(1)由服务提供商提供的 VPN。

服务提供商(SP)提供专门的 VPN,也就是说 VPN 的隧道构建和管理由服务提供商负责,优点是客户的工作变得简单,缺点是不利于客户的网络安全,服务提供商非常清楚客户的 VPN,也了解通过隧道传输的内容,因为隧道是由服务提供商的设备封装的,所以安全要求较高的 VPN 不适合由服务提供商提供。

(2)由客户自行构建的 VPN。

服务提供商只需提供简单的 IP 服务,VPN 的构建、管理由客户负责,所以经由提供商的 IP 骨干网利用 VPN 传输信息时,所传输的信息是服务提供商不知道的,对于 VPN 内部的网络路由等信息,服务提供商也是不清楚的。因此这种组网 VPN 的方式从安全的角度说,是易于被人们所接受的,因为安全完全掌握在自己的手中,当然,客户就多了 VPN 构建、管理的管理工作。

2)按 VPN 隧道的边界分类

按 VPN 隧道的边界(即隧道的端点的位置)分类,VPN 可以分为基于 PE 的 VPN 和基于 CE 的 VPN。

(1)基于 PE 的 VPN。

基于服务提供商边界设备(PE)的 VPN 通常也称为基于网络的 VPN,主要是指 VPN 的隧道开启和终止由 PE 完成,也就是说隧道由 PE 构建。

(2)基于 CE 的 VPN。

基于客户边界设备(CE)的 VPN 有时也称为基于用户的 VPN,主要是指 VPN 隧道开启和终止由 CE 完成,也就说隧道由 CE 构建。

3)按 VPN 应用模式分类

按 VPN 应用模式分类,VPN 可以分为拨号 VPN、路由 VPN、虚拟专线 VPN 和局域网 VPN。

(1)拨号 VPN。

拨号 VPN 主要解决移动用户的拨号接入问题,通常移动用户需要长途拨号接入企业内部网络,而现在只需拨入当地的拨号 VPN 服务提供商的拨号 VPN 服务器,在公共 IP 网络上，在 ISP 的拨号服务器与企业的拨号 VPN 网关之间，拨号 VPN 就提供一个虚拟的 PPP 连接，它是将拨号用户的拨号 PPP 连接经由互联网等公共 IP 网络一直延伸到企业内部网络，好像直接拨入企业内部网络一样，从而达到安全接入与节省连接经费的目的。拨号 VPN 是服务提供商提供 VPN 服务的主要方式，其示意图如图 1.2 所示。

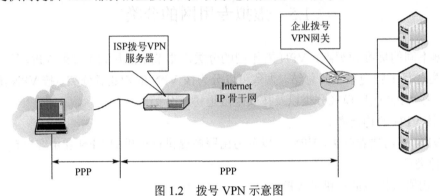

图 1.2　拨号 VPN 示意图

（2）路由 VPN。

路由 VPN 是另一种广泛使用的 IP-VPN 模式，其有两种构建方式：一是由 ISP 提供构建 VPN 的服务；二是由企业在自己的内部网络与接入互联网等公共 IP 网络的出口路由器之间部署 IP-VPN 安全网关。目前大多采用第二种方式构建 VPN，如图 1.3 所示。其特点是组网为原来的路由方式，可以灵活地构建多 VPN，如与分支机构的 Intranet 以及与各合作伙伴之间的多个 Extranet；同时其安全性牢牢地掌握在企业自己的手中。目前路由 VPN 在关键业务网络中应用较为广泛，企业几乎无须改变原来的网络配置。

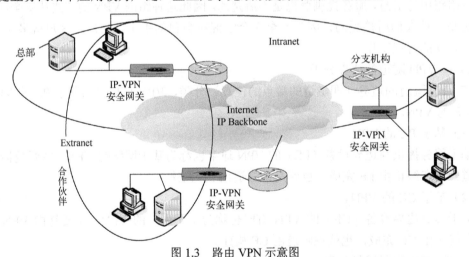

图 1.3　路由 VPN 示意图

（3）虚拟专线 VPN。

虚拟专线 VPN 是一种简单的应用模式，如图 1.4 所示。它是将用户的某种专线连接（如 ATM VCC、FR 等）变为本地到 ISP 的专线连接，然后利用 Internet 等公共 IP 网络模拟（虚拟）相应的专线，用户的应用就像原来的专线连接一样。

（4）局域网 VPN。

局域网 VPN 又称为虚拟专用网段或虚拟专用局域网服。局域网 VPN 与路由 VPN 的接入形式相似，但两者有着本质的区别。路由 VPN 以路由方式提供 WAN 互联，而局域网 VPN 在远程的"网络"间，形成单一 LAN 网段的应用，所以 IP-VPN 安全网关的任务是在公共 IP 网络上实现类似"网桥"的互联方式。其示意图如图 1.5 所示。

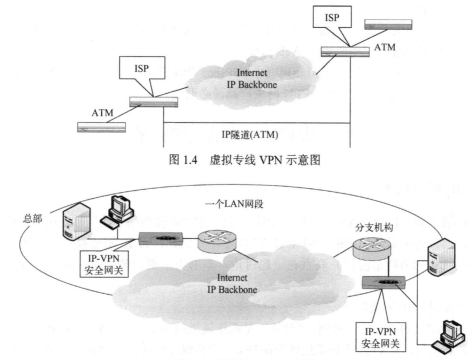

图 1.4　虚拟专线 VPN 示意图

图 1.5　局域网 VPN 示意图

上述 IP-VPN 技术的应用模式决定了相应的 VPN 网关等设备在设计时的结构与技术特点，但它们也有一些共同的关键技术。

4）按安全隧道协议分类

按安全隧道协议分类，VPN 可以分为 PPTP/L2TP VPN、MPLS VPN、IPsec VPN 和 SSL VPN 等。

（1）PPTP/L2TP VPN。

PPTP/L2TP VPN 采用的是第二层隧道协议，实现在数据链路层，主要通过 PSTN 进行远程拨号访问，其安全性依赖于 PPP 的安全性。

（2）MPLS VPN。

MPLS VPN 采用的是多协议标记交换（Multi-Protocol Label Switching，MPLS）协议。MPLS 协议通过标记交换的转发机制，把网络层的转发和数据链路层的交换有机地结合起来，实现了"一次路由多次交换"，用"标记索引"代替"目标 IP 匹配"，由于采用固定长度的标记，所以标记索引能够通过硬件实现，从而大大提高了分组转发效率。其安全性类似传统专线的安全性，解决的是一般意义上的"私有化"问题，而不是"秘密性、保密性"问题。

（3）IPsec VPN。

IPsec VPN 采用的隧道协议为 IP 安全协议簇，实现在网络层。它不仅有效地解决了利用公共 IP 网络互联的问题，而且最大特色就是具有很高的安全性。IPsec 是目前直接采用密码技术的真正意义上的安全协议，是目前公认的安全协议簇。当采用 VPN 技术解决网络安全问题时，在网络层上 IPsec 协议是最佳的选择。

（4）SSL VPN。

SSL VPN 采用的隧道协议为安全套接层协议，实现在传输层。它利用代理技术实现数据包的封装处理功能，主要应用在 Web 传输安全。

通过以上的分析，可知在虚拟专用网中，IPsec VPN 作为一项成熟的技术，仍然占着主导地位，继续研究和开发 IPsec VPN 网关产品是必要的。

1.6　虚拟专用网的关键技术

1.6.1　IP 隧道技术

IP 隧道代替了传统 WAN 互联的"专线"，是组建"虚拟网络"的基础。在传统的隧道技术中，通常是不需要加密的，但在 IP-VPN 中，人们往往将 IP 隧道技术与它所采用的安全协议（也称为隧道协议）联系在一起讨论，本书为了更清楚地说明问题，将两者分开讨论。

本节仅讨论 IP 隧道技术。

（1）IP 隧道的"封装"机制。"封装"是构造隧道的基本手段，它使得 IP 隧道实现了信息隐蔽和抽象，为 VPN 能提供地址空间独立、多协议支持等机制奠定了基础。但仍应认真研究如何将这些机制与 IP 隧道的"封装"机制有机结合在一起以及如何使 IP 隧道支持更多新的机制的问题。地址空间独立是指在 VPN 中，用户的地址空间不受公共 IP 网络的影响，是独立的，例如，其可以与公共 IP 网络的地址空间重叠。此外，多协议支持的目的就是允许用户在 VPN 中使用非 IP 协议，因此，也就是要研究非 IP 协议（如 IPX 等）over IP 的问题。还有，如何在 VPN 中继承现有专用的一些服务，例如，在 VPN 中拥有自己的 DHCP、DNS 服务等，这就需要进一步深入探讨相关的协议以及与封装的结合机制。IETF 工作组也正在不断扩充相关新的草案和 RFC 标准[2，4～6，50，51，55，60，66～69，96～98，117，118，134，135]。

（2）IP 隧道的实现机制。IP 隧道的实现机制主要涉及两个方面。一方面是采用第二层隧道还是第三层隧道的问题，这是目前讨论较多的一个问题，其实质是隧道所建立的连接是"虚拟"的数据链路层还是网络层。

第二层隧道目前主要基于虚拟的 PPP 连接，如 PPPTP、L2TP 等，其主要优点是协议简单，易于加密，特别适宜于为远程拨号用户接入 VPN 提供虚拟 PPP 连接。但由于 PPP 会话贯穿整条隧道，并终止在用户网内的网关或 RAS 服务器上，所以需要维护大量的 PPP 会话连接状态，而 IP 隧道会造成 PPP 会话超时等问题，加重了系统的负荷，会影响传输效率和系统的可扩展性。而第三层隧道由于是 IP in IP，如 IPsec，其可靠性及可扩展性方面均优于第二层隧道，特别适宜于 LAN to LAN 的互联，所以对于移动用户来说第二层隧道比第三层遂道简单、直接，可见，对于 IP 隧道究竟采用第二层隧道还是第三层隧道，取决于 VPN 网关的设计目的。

关于 IP 隧道的实现机制的另一个方面就是在网络的什么层次上实现 IP 隧道的问题。目前一般的做法就是用 IP 协议实现 IP 隧道，但也有用 UDP 等协议来实现 IP 隧道的做法，从实现的细节上来说，还要考虑传输效率、MTU 限制及"碎包"处理和 IP 隧道的状态是否易于监控与管理等问题。

（3）"过滤型"隧道能够控制接入，防止入侵。对于 IP 隧道来说，当在隧道的开启处封装及在隧道的终止处还原装配数据包时，进行包的过滤、检查是非常方便的，所以 VPN 网关通过"过滤型"隧道可直接融入"包过滤"防火墙机制和抗攻击检测机制，进一步增强了 VPN 系统的安全性。

（4）VPN 网关支持解决多 VPN 问题（本书将其称为 VPSN，参见第 2 章）。VPN 网关能够构建多条隧道，同时支持多个 VPN，将是企业组成 Extranet 所必需的，它可从网络管理、加密认证算法、密钥管理等方面综合解决这一问题。

1.6.2　安全协议

安全协议（隧道协议）是"专用网络"的保证，其核心是加密和认证，当然也离不开密钥管理。

目前能够用于 IP 隧道的有代表性的协议是 PPTP、L2F、L2TP、GRE、IP in IP、IPsec、SOCKS 及 MPLS 等，但能真正称得上安全协议或安全隧道的协议不多。

PPTP 受到了以 Microsoft 为代表的一些厂家的支持，它在一个 IP 网络上利用虚拟 PPP 连接建立 VPN。L2F 为第二层转发协议。L2TP 是 IETF 将 PPTP 与 CISCO 的 L2F 结合而产生的一个新的协议，与 PPTP 十分相似，但支持非 IP 协议，如 Apple Talk 和 IPX。

GRE 即通用路由封装协议，它能够利用任意一种网络协议封装传输任何一种网络协议，它的使用范围非常广泛，包括移动 IP、PPTP 等环境。

IP in IP 是 IETF 移动 IP 工作组提出的用 IP 分组的协议，目的是在移动 IP 环境下实现移动主机和其他代理之间的通信。

IPsec 在 IETF 的指导下正由 IETF 的 IP 安全性工作组不断发展和完善，它实际上是一个安全协议簇，用于确保网络通信的安全。原来用于定义安全结构、AH 和 ESP 的 REC 1825、REC 1826 和 REC 1827 现已由 RFC 2401、RFC 2402 和 RFC 2406 所取代，所以基于 IPsec 的 VPN 实体的实现要不断根据 IETF 公布的 RFC 来做相应的修改。

SOCKS 是 NEC 开发的一个安全协议，目前被 IETF 用作网络防火墙的协议，它是一个网络连接的代理协议，SOCKS 能对连接请求进行鉴别和授权，并建立代理连接和传递数据。

MPLS 通过固定的标记，在数据链路层实现数据包的快速转发，将属于同一标记的数据进行相同的处理，可完成组网的功能，但安全性不高。

目前，仅从安全协议自身考虑，仍存在一些待解决的问题，主要包括以下几方面。

（1）协议的安全性：很多协议虽然没有具体规定加密和认证算法，但从目前看来其具体实现的安全性不尽如人意，如 PPTP 的安全性，无论认证还是加密都是十分脆弱的，并且目前这些协议并没有进行安全完备性分析和证明，对于一些重要网络，引用形式化的完备性分析方法，确保安全协议的安全性还是十分必要的，因为如果一个安全协议不安全，那么再好的加密算法也无济于事。当然，上述 GRE、IP in IP 以及 MPLS 等协议并不是安全协议。

（2）保密的强度，加密效率：据报道，512 位的 RSA 已经被破译，对密码的保密强度的要求越来越高，但目前加密的速度不尽如人意，特别是在广域传输效率已达百兆、千兆甚至更高的情况下，VPN 已无法发挥这一带宽优势。在各国对密码进行出口限制的情况下，从安全的角度考虑，研究自己的、高效的、高强度的加密算法及加密硬设备与 VPN 网关配套使用十分必要，特别是利用微电子技术的发展和固件工程，开发高速密码芯片将是一个重要的长期的研究课题。

（3）安全协议簇还处于不断扩充、发展之中：VPN 要想真正地达到预期的取代专网的目的，就应该继承专网的固有特点，如前面已讨论 VPN 应支持 DHCP、DNS 等服务，正因如此，IPsec 安全协议簇处于不断更新、发展之中。这也要求 VPN 网关及系统应有良好的适应性，不至于协议的变更、修改导致设备的淘汰。

从目前应用于 VPN 的协议的实际情况来看，较有代表性的协议有 IPsec、L2TP 和 MPLS。L2TP 是第二层隧道协议，支持非 IP 协议，主要用于 VPDN 的构建，但其效率不如第三层隧道协议，同时其自身并不提供机密性、完整性等安全服务；MPLS 兼有基于第二层交换的分组转发技术和第三层路由技术的优点，只提供虚拟网的组网服务，同样也不提供机密性、完整性等安全服务；严格意义上来说，L2TP 和 MPLS 只解决了虚拟网的构建问题，而没有解决所构建的虚拟网的专用或私有问题，即安全性问题；IPsec 属于第三层隧道协议，兼容未来的 IPv6 协议，也是目前最为安全、最为全面的协议簇，但它不支持非 IP 协议和动态地址，它的复杂性给实现带来了难度，也降低了它的安全性。

由于上述协议都不是为 VPN 而专门设计的安全隧道协议，在支持安全 VPN 方面存在着各种各样的局限或缺陷，本书还将在 4.6 节专门分析 IPsec 在支持 VPN 方面的主要缺陷。因此，研究一个既简洁又高效、既安全又便于实现的安全隧道协议，是安全 VPN 领域需要研究的一个重要问题。

1.6.3　VPN 安全管理

IP-VPN 的网络安全管理是为了方便用户对 VPN 的管理，进一步加强 VPN 的安全性。它建立在网络管理（简称网管）的基础上，对 VPN 实施安全管理，即融网络管理和安全管理于一体。

IP-VPN 的网络管理。网络管理仍然是处于不断发展的课题，近年来又出现了基于 Web 的网管技术，其提供了更加通用的网管界面；同时具有更加好的可移植性的 SNMP++受到广泛重视，SNMP++提供了完善的 SNMP 协议支持，并且有非常好的移植性。VPN 取代专线 WAN 互联，用户不仅对安全性重视，而且也非常关心 VPN 的网络管理，所以必须研究传统的网络管理技术应用于 VPN 的问题，例如，网管系统能监控管理 IP 隧道的状态，这就要求 VPN 网管支持 SNMP，具有监管隧道的代理功能，向网管系统报告 IP 隧道状态，并接收网管系统发出的管理命令。

　　IP-VPN 的安全管理。其主要研究内容包括：①IP-VPN 网管的安全，网管的安全是十分重要的，而对于 IP-VPN 就更加重要了，要研究 IP-VPN 环境下的 MIB 的安全性（SMIB）和安全的 SNMP 协议，保证有关 IP-VPN 的网管信息的安全。②网络密钥管理，VPN 建立在公共 IP 网络上，尤其是可能会建立在 Internet 环境之上，所以密钥管理显得尤为重要，密钥的产生、分发既要是自动的，又要保证是安全的。如果密钥的安全得不到保证，那么 VPN 的安全就无法得到保证。③安全策略设置与虚拟网配置管理，VPN 呈现给用户的虚拟网络及其可享用的虚拟服务，主要是依赖安全访问控制策略来实现虚拟网的配置管理的，特别是为了增强系统的易管理性，要研究友善的、通用的、可视化的管理设置界面来实现策略设置与网络配置，这也有助于保证安全策略设置的正确性。④VPN 中多虚拟子网的监管，在 VPN 中巧妙地利用加密算法、密钥管理及安全规则设置来实现多个虚拟子网的管理和控制是十分有意义的工作。

1.6.4　安全平台

　　目前的安全产品（如防火墙、VPN 安全网关等），一种是建立在通用的操作系统平台之上的，另一种则是建立在嵌入式操作系统之上的，但很多厂商几乎都没有考虑这些安全产品所运行的平台的安全性。如果安全产品赖以运行的平台不安全，这些产品的安全性将变得非常脆弱。因此要研究供 VPN 安全网关系统运行的专用嵌入式安全平台，这是 IP-VPN 系统安全性的基础，对增强安全系统的安全性有着重要的意义。

　　专用嵌入式安全平台不同于一般的网络操作系统，无须提供多种网络服务；也不同于客户端操作系统平台，它不需要非常友善的用户界面。这种专用嵌入式安全平台为安全产品提供安全、可靠的运行环境，应该是一个具有最小安全内核和必要的安全调用接口，至少符合 TCSEC 定义的 B 类标准的安全平台。为了实现高安全性和高可靠性，应对专用嵌入式安全平台的安全标准、系统结构、调用接口以及应该提供的服务等进行认真研究。

第 2 章 安全 VPN 模型

2.1 传 统 模 型

安全 VPN 模型研究和安全体系结构设计是要研究的一个重要问题,也是一个根本性的问题。

目前,VPN 具有多种应用模式和存在多种安全协议,导致 VPN 设备种类繁多,带来了 VPN 设备部署、管理等一系列问题,所以不利于 VPN 技术的推广与应用。这些问题归根结底,主要源于现有 VPN 的模型和体系结构缺少一体化设计。VPN 作为一种融组网和安全为一体的综合性技术,需要一个一体化的体系结构设计。一个统一的模型和一体化的体系结构有利于 VPN 设备的统一,可以提高整体安全性,也方便 VPN 的构建,具有更好的经济性、可管理性和可扩展性。

传统的安全 VPN 模型的核心思想为:VPN=安全隧道。可以说,现有的安全 VPN 模型几乎无一例外地将安全隧道视为 VPN,安全隧道成了 VPN 的代名词。传统模型存在的主要问题如下。

(1)虚拟网络的自治性差,没有专线物理网络应用方便和灵活。传统的 VPN 模型只提供了虚拟数据链路层服务,没有解决虚拟网络层服务问题。如果将这种模型与 OSI 网络参考模型相对应,那么安全隧道只解决了数据链路层的连接问题,即解决了网络通信的"线路"问题,而没有解决网络层问题。随着 Internet 和宽带 IP 网络的普及,VPN 的应用将非常广泛,人们对 VPN 的要求不仅是提供"线路"服务,而且要求所提供的 VPN 服务具有和现有物理网络相同的功能。换句话说,VPN 虽然在物理上是"虚拟"的,但所构成的逻辑网络应该和实际网络具有相同的特性,利用 VPN 技术所组成的网络应是自治的。例如,在采用 VPN 技术形成的虚拟子网内,可以使用自己需要的网络协议,使用自己定义的地址空间,需要时还可以完成相同虚拟子网网段之间的桥接,以及不同虚拟子网间的路由等。

(2)可扩展性、易管理性和适应性差。若 VPN 规模增大,如 VPN 实体增多,则需要定义的隧道数量就会呈指数增加,在全互联的情况下,n 个 VPN 实体的隧道配置总数可达 $n(n-1)$,随着 n 的增大,隧道的配置和维护负担将呈 $O(n^2)$ 的复杂度增加;另外,每增加一个 VPN 实体和相应的隧道,相关的 VPN 实体配置就要发生变化,所以其可扩展性和易管理性差;同样,在大型 VPN 中,存在着大量的隧道和策略信息,当 VPN 成员发生变化时(如位置和地址发生变化),就有可能引起与之相应的隧道和策略信息的大量修改,显然其适应性(灵活性)也不是很好。

(3)完整性和一致性无法保证。管理员往往是凭直觉和经验来设置隧道的,缺少一个对整个安全策略的完整性进行衡量的标准,安全策略设置不当就可能会出现漏洞和薄弱环节；隧道配置不当就可能会出现隧道两端实体中的设置不一致，导致隧道不通，或者出现冗余隧道。

（4）缺少系统的、严格的形式化描述。目前 IETF 还没有制定与 VPN 模型相关的 RFC 文档，关于 VPN 模型的讨论，包括 RFC 2764 在内均是针对应用模式的讨论，缺少严格的形式化描述，这样在进行安全性分析、完整性和一致性检查时，就无法直接利用现有的数学方法和工具。

针对传统模型的不足，本节将采用形式化的方法，立足现有广泛认可的安全协议实际，基于安全隧道，提出一种新的安全 VPN 模型。该模型试图强调 VPN 的自治性，改善其可扩展性、易管理性和适应性，易于保证完整性。

2.2　基于虚拟子网的安全 VPN 模型

2.2.1　模型术语

1）VPN 成员

VPN 成员：由 VPN 设备所保护的子网、主机或用户。M 表示 VPN 成员集，m_i 表示第 i 个 VPN 成员。

例如，在路由 VPN 中，VPN 成员通常是指由 VPN 安全网关保护的一个子网；而在基于端系统的 VPN 中，VPN 成员就是由端系统 VPN 装置保护的一台主机；在基于用户的 VPN 中，VPN 成员就是受保护的用户。

2）VPN 实体

VPN 实体：构建 VPN 的 VPN 设备或装置。E 表示 VPN 实体集，e_i 表示第 i 个 VPN 实体。

VPN 实体可能是独立的设备，如 VPN 安全网关；也可能是嵌入到其他系统中的软件或软硬件结合的装置，如端系统 VPN 安全中间件、IPsec 协议卡等软硬件装置。

3）安全域

安全域：具有某种共同安全利益关系，并在需要时允许进行密码通信的可信实体集。

针对 VPN，本节给出另一个等价的定义，称为 VPN 安全域。

VPN 安全域：一个由可信的 VPN 实体集、VPN 成员集等组成的实体集合，其中，VPN 实体集和被其保护的 VPN 成员间具有某种共同安全利益关系，并在需要时允许通过由该 VPN 实体集的实体构建的安全隧道进行安全通信。

用 SDomain 表示安全域，上述关于 VPN 安全域（以下仍简称安全域）的定义有三个要点。

一是安全域内的 VPN 成员和 VPN 实体必须是可信的，相互之间具有信任关系，可以相互进行实体认证。

二是安全域内的 VPN 成员和 VPN 实体必须具有某种共同的安全利益关系。例如，可以将一个团体或一个组织定义为一个安全域，也可以将具有某种安全利益关系的合作伙伴定义为一个安全域。

三是在这个 VPN 模型中只有同一安全域内的 VPN 实体之间才可以建立安全隧道，并进行安全通信。

这里需要特别讨论安全域与信任域的联系和区别。安全域与信任域的联系在于：安全域内的实体首先必须具有信任关系，即首先在同一个信任域内，也就是说可通过信任域进行实体认证，例如，它们拥有共同信任的 CA 颁发的证书。两者的区别在于：安全域内的实体是可信实体，相对于信任域其信任级别更高，同时，安全域内的实体可以进行以密码技术为基础的安全通信，而信任域内的实体更强调提交的证书和证据的可信验证。

从安全域的意义上说，能够构成 VPN 的 VPN 实体集应该属于同一安全域。在动态隧道的建立、VPN 的安全管理等方面应充分发挥安全域的作用。例如，在本书后面将要讨论的动态隧道内容中，动态隧道的建立需要进行实体认证，而是否属于同一安全域的认证则是前提；另外，VPN 的安全管理对安全性的要求较高，但管理者和被管对象之间首先要进行是否属于同一安全域的认证，只有属于同一安全域才能进行管理。

4）IP 隧道

IP 隧道是一种逻辑上的概念，封装是实现隧道的主要技术，通过将网络传输的数据实现 IP 的再封装，实现了被封装数据的信息隐蔽和抽象，因而可以通过隧道实现利用公共 IP 网络传输其他协议的数据包；另外，通过 IP 隧道传输 IP 数据包时，利用被传 IP 数据包的地址信息得到隐藏这一特点，很容易实现私有地址和公网地址的独立性。这些优势使得 IP 隧道成为构建 IP-VPN 的基础。

从封装的意义上来说，一个 IP 隧道关心的主要参数是隧道的源、目的端的实体（实现时关心的当然是实体的外网地址和封装协议，这里为了表示方便做简化处理，仅用实体表示）。

IP 隧道：简称隧道，是指基于 IP 网络并通过 IP 封装技术实现数据传输的特殊通道。T 表示 IP 隧道集，用 t_k 表示隧道 k，定义为

$$t_k = <e_i, e_j> | e_i, \quad e_j \in E$$

式中，e_i、e_j 表示隧道两端的 VPN 实体。

称隧道两端的 VPN 实体 e_i、e_j 的 IP 地址确定的 IP 隧道为静态隧道，称 e_i、e_j 的 IP 地址不确定的 IP 隧道为动态隧道。

用 e_i、e_j 表示隧道两端的实体，除了可以简化处理的好处外，另一个好处是可以解决 IP 地址不确定（即动态 IP）问题，即动态隧道问题。动态隧道概念的提出和技术的研究，无论在满足应用需求，还是在减少 VPN 配置和管理的工作量方面，均有重要意义。

5）IP 安全隧道

IP 安全隧道：简称安全隧道，是指对所传输数据提供安全服务的隧道。用 st_k 表示安全隧道 k，st_k 是个二元组：

$$st_k = \{t_k, SA_k\}$$

式中，SA_k 表示决定隧道 t_k 所提供的安全服务的广义安全关联。

　　安全隧道所提供的安全服务主要包括机密性服务、完整性服务、数据源验证服务等，可以根据需要选择其中的部分或全部安全服务。

　　对应于静态隧道和动态隧道，安全隧道也有静态安全隧道和动态安全隧道。

　　SA_k 为广义安全关联主要是借用 IPsec 中安全关联的概念，但又有别于它。

　　在 IPsec 中安全关联主要是指通信双方对某些与安全相关的要素的一种协定，如 IPsec 协议（AH 或 ESP）、协议的操作模式、密码算法、密钥、用于保护它们之间的数据流的密钥的生存期等。IPsec 安全关联有三个主要特点：一是单向的，进入和外出的数据流需要独立的 SA；二是要按 AH 和 ESP 分别设置 SA，如果用 AH 和 ESP 来保护两个对等方之间的数据流，则需要两个 SA，一个用于 AH，另一个用于 ESP；三是按协议的操作模式分别设置 SA，分为隧道模式 SA 和传输模式 SA。

　　这些特点使得 IPsec 协议的应用十分灵活，但配置复杂、工作量大。在 VPN 应用中完全可以简化 SA 的定义内容，例如，只有隧道模式，仅使用某种安全协议（4.6.1 节分析了仅用 ESP 不会降低 IPsec 的安全性，而且降低了实施的复杂性）；另外，由于只有隧道模式，所以可以取消 SA 是单向的规定，将 SA 直接与隧道绑定在一起。因此，该定义主要强调 SA_k 的作用是决定安全隧道 st_k 能提供什么样的安全服务。

　　由于安全隧道在实现时离不开所采用的安全协议，为区别不同安全协议实现的安全隧道，用上标来表示不同的安全协议，例如，基于 IPsec 安全协议的安全隧道用 st_k^{IPsec} 表示，简称 IPsec 安全隧道。

　　6）安全策略

　　安全策略（SP）是指在 VPN 网络中，为 VPN 成员能够干什么制定相应的规则，表示的是 VPN 成员之间的通信关系，即 $<m_i, m_j, \text{action}>$。

　　通常，安全策略是由条件和动作组成的，类似于防火墙安全策略。其中，条件为 VPN 成员的特征，如 IP 地址、协议、端口号等；动作有拒绝、接受、应用安全服务等。

2.2.2　虚拟专用子网

　　虚拟专用子网（Virtual　Private Sub-Network，VPSN）简称虚拟子网，如果同一安全域的 VPN 系统是一个自治系统，那么虚拟专用子网就是这个自治系统的重要组成部分，由一个八元组组成，用 $\text{VPSN}_{\text{ID}_{\text{VPSN}}}$ 表示虚拟专用子网 ID_{VPSN}，则

$$\text{VPSN}_{\text{ID}_{\text{VPSN}}} = \{\text{ID}_{\text{VPSN}}, \text{ID}_{\text{SDomain}}, M, E, \text{ST}, \text{SP}, \text{VF}, \text{APP}_{\text{def}}\}$$

式中，ID_{VPSN} 为 VPSN 标识，用来标识一个虚拟子网；$\text{ID}_{\text{SDomain}}$ 为该 VPSN 及其 VPN 实体所属的安全域标识；M 为受 VPSN 保护的 VPN 成员集；E 为构成 VPSN 的 VPN 实体集，它们属于同一安全域 $\text{ID}_{\text{SDomain}}$，VPSN 内的 VPN 实体之间允许互相进行安全访问；ST 为构成 VPSN 的安全隧道集，安全隧道通过 E 中的 VPN 实体构建；SP 为满足安全需求定义的作用于网络数据流和 VPSN 的安全策略集；VF 为虚拟转发表，包括虚拟隧道转发表 VTF 和虚拟路由转发表 VRF。VTF 定义 VPSN 内隧道之间的交换关系，VRF 定义 VPN 内不同 VPSN 之间的转发关系；APP_{def} 为可以在 VPSN 中运行的缺省网络应用，它是一个指定协议簇下的<传输层协议，端口>组集合。协议簇实际上就是网络层协议，由 VPN 指定，可

以是 IP 或 IPX，如果是 IP 协议，则传输层协议可以是 TCP、UDP；如果是 IPX 协议，则传输层协议可以是 SPX。

　　该定义形象并精确地描述了虚拟专用子网的概念，体现了 VPN 安全、独占、自治的基本要求和特点，实际上它是关于 VPN 概念的形式化表达。

　　虚拟专用子网（VPSN）是 VPN 模型的重要概念，构成 VPSN 的 8 个要素缺一不可，根据这一定义可以将 VPSN 的概念要点归纳如下。

　　每一个 VPSN 都有一个对应的标识，即 ID_{VPSN}。通过 ID_{VPSN} 区分不同的虚拟专用子网并进行不同 VPSN 的"网间"虚拟路由转发。

　　VPN 实体和安全隧道是构建 VPSN 的"物质"基础，由同一安全域内的 VPN 实体所构建的安全隧道是 VPSN 的虚拟"链路"。

　　VPSN 的定义可以简化为不同 VPN 实体集的划分（可以看作"组"的定义）和基于所定义 VPN 实体集的安全隧道的定义。通过前面的分析，可以知道安全隧道一直被认为是影响 VPN 的可扩展性、易管理性和适应性的重要因素。在该模型中，定义了 VPSN 的 VPN 实体集后，可以按照 1 对 n 的关系定义安全隧道，再辅之 VPSN 内隧道之间的虚拟隧道转发关系，就可以实现同一 VPSN 的任意 VPN 实体间的安全访问。在传统模型中，在有安全访问关系的 VPN 实体之间必须定义隧道。因此，上述定义 VPSN 的方法较传统模型可以大大改善 VPN 的可扩展性、易管理性和适应性。当然，还可以根据需要追加定义子网间虚拟路由转发关系、安全策略等。

　　VPN 成员及其缺省网络应用 APP_{def} 是 VPSN 保护的对象，通过缺省网络应用将 VPSN 与具体应用结合起来，从而使得在 VPSN 中运行的应用成为安全应用。同时，可以根据不同的应用及其安全需求，采用使用不同密钥或加密算法的 VPSN 来进行安全保护和使用分割。例如，在银行系统中，可以分别设置针对综合业务的"综合业务 VPSN"和针对银证联网业务的"银证交易 VPSN"，达到防止外部证券用户进入"综合业务 VPSN"的目的。

　　安全域、安全隧道和安全策略是 VPSN 的安全保证。安全域的划分强化了安全通信过程中通信实体认证和管理实体认证，安全隧道保证数据流的传输安全，安全策略进一步细化了 VPSN 的访问控制粒度。

　　VPSN 和 VF 确定了 VPN 实体间的安全访问关系。

　　虚拟转发表解决了 VPSN 网内"虚拟交换"和网间"虚拟路由"问题，使得 VPSN 组网和应用更加灵活，更符合实际需求。

　　APP_{def} 的定义要求 VPSN 应该具有协议独立性，即以公共 IP 网络为基础建立的 VPSN 应该可以支持非 IP 协议。

　　自治系统的要求不仅体现在一个 VPSN 可以使用自己的协议，选择自己的路由，还体现在 VPSN 必须具有地址独立性，即 VPSN 具有自己独立的地址空间，与公网可以重叠。

2.2.3　虚拟专用网

　　基于上述虚拟专用子网的模型，本节给出虚拟专用网的逻辑表达形式。

　　虚拟专用网：同一 VPN 安全域内虚拟专用子网的集合，并且是一个自治系统。用 $VPN_{ID_{SDomain}}$ 表示属于 VPN 安全域 $ID_{SDomain}$ 的 VPN，则

$$\text{VPN}_{\text{ID}_{\text{SDomain}}} = \{P, \text{ISI}, \text{VPSN}_{\text{ID}_{\text{VPSN}}} \mid \text{所有虚拟专用子网属同一安全域 ID}_{\text{SDomain}}，\text{且 VPSN 间}$$
$$\text{的安全访问传递关系由各自的虚拟转发表 VF 定义}\}$$

式中，P 为定义在 VPN 系统中运行的协议簇；ISI 为信息安全基础设施，如构建在同一安全域的 PKI、PMI 等信息安全基础设施。

上述 VPN 的模型明确了同一安全域的 VPN 系统是一个自治系统，拥有自己的协议簇，自主决定和选择虚拟路由。

该模型基于虚拟专用子网，VPSN 内的 VPN 实体之间允许互相进行安全访问，虚拟专用子网之间的访问受虚拟路由转发关系控制，虚拟路由转发关系由各子网根据应用需要和安全需求自行定义。高安全性要求的 VPSN 可以通过在 VR 中禁止定义子网间的转发关系实现与其他 VPSN 的安全隔离。

该模型基于安全域定义 VPSN，所以更适用于由客户自行构建 VPN 并采用基于 CE 的 VPN 类型。

2.3 安全 VPN 模型的安全性

基于虚拟子网的安全 VPN 模型提供了多种综合安全机制，通过这些安全机制实现了网络数据流传输的机密性与完整性，数据源认证、访问控制以及实体认证等安全服务，保证了 VPN 系统的安全。就 VPN 技术本身而言，其安全机制主要表现在如下五个方面。

1）子网安全访问策略与不同安全需求 VPSN 隔离控制

基于虚拟子网的安全 VPN 模型的子网安全访问策略是：只允许子网内的 VPN 实体互相访问，或按照设定的虚拟路由转发表 VRF 进行子网间的安全转发。这一策略既保证了子网内的 VPN 实体之间的安全访问，又通过 VRF 控制了不同 VPSN 之间的安全访问，使得安全访问传递关系可控，有效防止了访问传递关系的任意性所带来的对安全性进行分析的复杂性。

同时，在建立 VPSN 时，一般都针对不同部门、不同应用的不同安全需求来分别建立不同的 VPSN，只有在需要时才在虚拟路由表 VRF 中定义 VPSN 间的虚拟路由转发关系，所以有效地实现了不同安全需求的 VPSN 之间的安全隔离控制。

2）安全域、信任域技术的综合运用与实体强认证

基于虚拟子网的安全 VPN 模型引入了安全域概念。在信任域实体认证的基础上，进行安全域认证，这是对实体的强认证。由于 VPN 安全管理中管理者和被管 VPN 实体间以及动态隧道建立时隧道端 VPN 实体间存在信任关系，事关 VPN 系统的安全，所以都要实施基于安全域的强认证。

3）安全隧道技术与数据流的安全性

安全隧道用来保护通过其传输的数据流，安全隧道技术所提供的安全性主要依赖于相应的安全协议及所采用的密码算法的安全性。例如，采用 IPsec 作为安全隧道的协议，就能提供数据流的机密性与完整性，数据源认证，有限的流机密性以及防重放攻击等服务，安全保密的强度与具体的密码算法紧密相关。

4）VPSN 和应用的"绑定"与安全应用

该模型明确地将 VPSN 和需要在 VPN 环境下运行的具体应用"绑定"在一起，实际上这是 VPSN 进行网络访问控制的缺省策略，它使得所"绑定"的应用在指定的 VPSN 的保护下成为安全应用。同时，根据不同的应用及其安全需求，使用不同的 VPSN 来进行安全保护，形成了网络应用的使用分割，增强了系统的安全性。

5）安全策略机制与细粒度的访问控制

在上述与安全应用相关的缺省安全策略的基础上，基于 VPSN 的安全 VPN 模型允许定义追加的安全策略集，使得通过 VPSN 进行网络访问控制的粒度得到细化，进一步提高了系统的安全性；同时，也使得构建的 VPSN 不仅可以运行"绑定"的缺省安全应用，而且可以运行并保护其他的网络应用，因而增加了应用的灵活性。

2.4　安全 VPN 模型的特点

基于虚拟子网的安全 VPN 模型除了上述安全性的特点外，还较好地弥补了现有模型的不足，主要特点如下。

描述的精确性。上述安全 VPN 模型采用形式化方法进行定义和描述，精确地刻画了组成安全 VPN 模型的各项要素，有利于利用形式化的数学方法和工具准确分析模型的安全性和其他性质。

（1）模型的通用性。该模型还具有较强的通用性，特别是对于安全隧道的定义，只强调了关键元素，所以能够描述采用现有主要安全协议的安全隧道，以及 VPDN、VPRN、VPLS 等主要的 VPN 组网方式。

（2）网络的可扩展性。基于 VPSN 的安全 VPN 模型的最大特点就是较传统的 VPN 模型在 VPN 的可扩展性方面得到了有效的改善。VPN 的可扩展性差是传统的安全 VPN 模型的主要不足之一，主要原因就是基于隧道配置的思想，在全互联的情况下，随着 VPN 实体数 n 的增大，隧道的配置和维护的复杂度为 $O(n^2)$。但安全隧道又是保证安全性和屏蔽公网信息以实现虚拟网络的有效手段，而且 MPLS VPN 在建议增加其安全性时也推了 IPsec 安全隧道，所以基于 VPSN 的安全 VPN 模型既保留了安全隧道技术，又在 VPSN 的定义上进行了简化，可以简化为不同 VPN 实体集的划分、基于 VPN 实体集的安全隧道的定义以及 VPSN 内隧道之间的虚拟隧道转发关系的定义。因此，定义 VPSN 的方法较传统模型可以大大改善 VPN 的可扩展性。

（3）系统的易管理性。VPN 系统的易管理性也一直是传统安全 VPN 模型的缺点。正如上述对网络的可扩展性的分析那样，传统安全 VPN 模型对大规模 VPN 系统的管理没有有效办法，工作量巨大，该模型在 VPSN 定义上的简化，大大减少了配置、维护等管理任务的工作量，有效提高了系统的易管理性。此外，该模型首次提出了基于安全域对整个域内 VPN 系统实施管理，取代了对每个 VPN 实体分别设置和管理的现有做法，所以，对于大规模 VPN 系统，减少了管理人员的维护工作量。

（4）网络的适应性。VPN 的适应性主要是指当组成 VPSN 的 VPN 成员发生变化、VPN 实体的地址发生改变，以及网络的结构发生变化或安全需求发生变化时，是否能够方便修改配置，以适应这种变化；由于该模型支持地址不确定的动态隧道，以及该模型所具有的可扩展性和易管理性等特点，所以 VPN 成员变化、VPN 实体地址改变以及网络结构变化等网络适应性是完全可以通过修改配置来满足的。因此，该模型具有较好的适应性。

（5）安全策略的完整性与一致性。安全策略设置的正确性集中体现在安全策略的完整性与一致性上。安全策略的完整性主要是指所设置的安全策略要满足系统的安全目标需求，既没有安全漏洞，又没有冗余策略。安全策略的一致性是指在分布式环境中，分布在多个 VPN 实体中的安全策略要保持一致、连贯。策略的一致性对于保证整个系统策略的正确实现以及可靠运行十分重要，不一致的策略可能破坏策略的完整性及正确性，也可能导致系统的安全通信无法正常进行。在基于虚拟子网的安全 VPN 模型中，基于安全域的集中安全管理使得对所设置的、分布在系统中的安全策略的一致性和完整性检查成为可能，有力保证了策略的完整性和一致性。

（6）虚拟网络的自治性。虚拟网络的自治性是指通过公共 IP 网络构建的虚拟网络在逻辑上和用户的使用上与物理网络基本相同，应该是一个自治系统。基于虚拟子网的安全 VPN 模型不仅强调了虚拟专用网技术要高度安全，而且在组网方面明确指出一个安全域内的 VPN 系统就是一个自治系统。也就是说，通过公共 IP 网络构建的虚拟网络在逻辑上和用户的使用上与物理网络基本相同，不仅用户可以按照自己的需要使用自己的协议、定义自己的地址空间，而且 VPSN 之间可以实现虚拟路由转发。不同安全域的 VPN 系统可通过虚拟子网边界安全转发网关实现隧道转发。这使得 VPN 技术在组网应用上会更加方便、实用。

第 3 章 远程拨号 VPN 技术

3.1 VPN 的产生背景

图 3.1 为传统的拨号网络。传统的拨号网络依托于 PSTN/ISDN 网专线的方式，实现用户远程接入访问企业/政府的内网。该方式具有较高安全性，带宽大，QoS 有保证，但用户远程接入的距离越长，该方式的专线租赁费用越高，令专线租赁机构难以承受，同时，也存在着无业务时专线带宽资源浪费等问题。

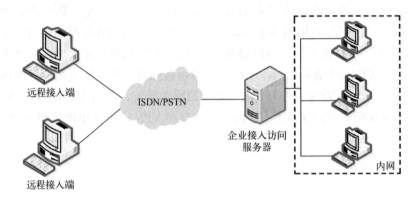

图 3.1 传统拨号网络

为减少长途拨号的费用，可以借助于公共的网络，如互联网，仅需本地拨号即可。这样就需要将 PPP 连接延伸到互联网上，从而接入访问远端内网，如图 3.2 所示。

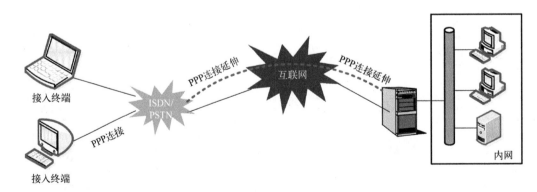

图 3.2 PPP 连接逻辑延伸

这种将本地拨号网络中 PPP 连接通过互联网逻辑地延伸到远程接入访问服务器的技术称为数据链路层隧道技术。实现数据链路层隧道技术的主要安全协议包括 PPTP 和 L2TP 协议。

3.2　远程拨号 VPN 基础协议 PPP

　　PPP 是 IETF 在 1990 年制定的点到点的数据链路层协议，即点到点协议（Point-to-Point Protocol），PPP 支持差错检测和各种协议，可以动态分配 IP 地址，允许身份验证，已成为正式的因特网（Internet）标准。

　　PPP 是目前广域网上应用最广泛的数据链路层协议之一，用来通过拨号或专线方式建立点对点连接，是主机、网桥和路由器之间简单连接的一种共通方案。PPP 包括链路控制协议（LCP）、网络控制协议（NCP）。LCP 用于建立、配置和检测数据链路连接；NCP 用于建立和配置不同网络层协议。PPP 工作过程如图 3.3 所示。

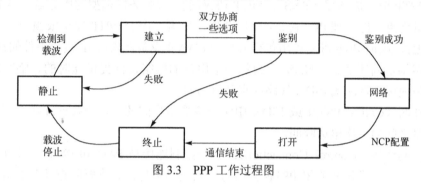

图 3.3　PPP 工作过程图

　　PPP 首先使用链路控制协议（LCP）建立链路，完成对链路的配置。如果在这一阶段的配置中要求认证，那么使用相应的认证协议（一般为 PAP 和 CHAP）完成认证。如果认证成功或在第一阶段的配置中没有要求认证，那么使用某一种与网络层协议对应的网络控制协议（NCP）协商、设定网络层协议配置，例如，网络层使用 IP 协议，这里就要使用 IP 控制协议（IPCP）进行协商。如果在认证或网络层协议协商阶段出错，那么 PPP 将撤销链路，回到起始状态。用户通信完毕后，NCP 释放网络层连接，接着，LCP 释放数据链路层连接，最后释放物理层连接。

3.3　PPTP VPN 技术

　　以 PPTP VPN 的典型应用拓扑为例，展开对 PPTP VPN 的阐述，如图 3.4 所示。

3.3.1　PPTP VPN 术语

　　PPTP VPN 工作中用到的术语。

　　（1）PPTP 访问控制器（PAC）：与一条或多条 PSTN（或 ISDN）线路连接，能够进行 PPP 操作和处理 PPTP 协议的设备。在 PPTP 协议的客户/服务器（C/S）模型中，它是客户端，也是 PPP LCP 协议的逻辑终点。

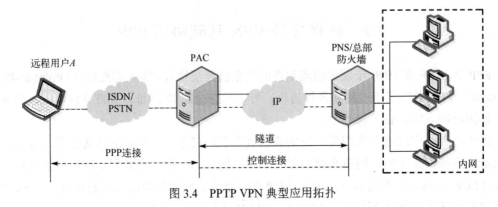

图 3.4　PPTP VPN 典型应用拓扑

（2）PPTP 网络服务器（PNS）：PPTP 协议的客户/服务器模型的服务器，是 PPP NCP 协议的逻辑终点，能处理 PPP 协议和 PPTP 协议分组。由于 PPTP 完全依赖于 TCP/IP，与接口硬件无关，因而 PNS 可能使用包括 LAN 和 WAN 设备在内的 IP 接口硬件的任意组合。

（3）网络访问服务器（NAS）：为每一个用户的网络访问提供随时的、临时的服务。这种访问是使用 PSTN 或 ISDN 线路的点到点访问。

（4）呼叫（Call）：PSTN 或 ISDN 中两个终端用户间的一次连接或连接企图，如两个调制解调器之间的一次电话呼叫。

（5）控制连接（Control Connection）：一个控制连接是 PAC 和 PNS 之间的一个 TCP 连接，用以建立、维护和关闭 PPTP 会话与控制连接本身，它支配隧道及分配给该隧道的会话的特征。

（6）会话（Session）：当拨号用户和 PNS 之间建立一个 PPP 连接时，形成一次会话。PPTP 会话是面向连接的，PNS 和 PAC 为每一个会话都维护着状态。

（7）隧道（Tunnel）：一条隧道由一个<PAC,PNS>对定义，隧道协议由改进的通用路由封装协议（GREv2）定义。隧道在 PAC 和 PNS 之间传输 PPP 数据报，一条隧道可由多个会话多路复用。

3.3.2　PPTP VPN 术语关系

图 3.5 显示了在 PAC、PNS 之间的隧道、控制连接、会话的关系。在 PAC 和 PNS 之间只有一条隧道、一个控制连接和多个会话，控制连接对隧道进行链路维护。

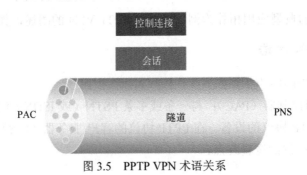

图 3.5　PPTP VPN 术语关系

3.3.3　PPTP VPN 工作过程

同样，以 PPTP VPN 典型应用拓扑为例，讲述 PPTP VPN 的工作过程，如图 3.6 所示。

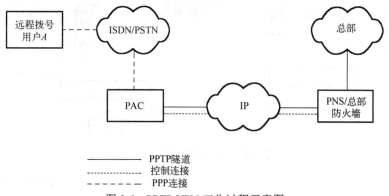

图 3.6　PPTP VPN 工作过程示意图

用户可采用拨号方式接入公共 IP 网络 Internet。拨号用户首先按常规方式拨号到 ISP，成为互联网上的一个合法主机。

（1）用户通过 ISDN/PSTN 对总部进行拨号（拨号信息中包括总部的企业主机地址信息）。

（2）拨号信息到达 ISP 后，ISP 依据呼叫号码、企业主机地址等地址信息，判断出是否应对用户提供虚拟拨号服务。

（3）PPTP VPN 首先检查 PAC 与用户指定目的地对应的 PNS 间是否存在控制连接，如果没有，则首先建立控制连接。

（4）在控制连接存在之后，PAC 向 PNS 请求建立入站呼叫。PNS 和 PAC 通过控制连接交互控制信息并最终建立入站呼叫。PAC 和 PNS 为该入站呼叫创建一个逻辑接口，用于处理 PPTP 分组。此时 PPP 分组可以通过隧道进行传输。

（5）PNS 如果希望与拨号用户进行新的 PPP LCP（链路控制协议）协商，则 LCP 协商之后，PNS 将协商的相关结果通过控制连接发送给 PAC（PAC 是 LCP 的逻辑终点）。

（6）若 PNS 希望对拨号用户进行身份鉴别，则可以对用户进行 PPP PAP 或 PPP CHAP 等鉴别。

（7）若不需要鉴别或通过鉴别后，用户和 PNS 间的逻辑 PPP 会话进入 NCP（网络控制协议）协商阶段。此时 PNS 可以与拨号用户协商数据链路层加密算法或为拨号用户分配内部或私有 IP 地址。分配内部或私有 IP 地址的分析如图 3.7、图 3.8 所示。

在回包过程中，路由器截获 S->A 的数据包后，无法判断 A 是谁，以及它去往哪里。若要正常回包，则在路由器中设置到 A 的数据包的路由。通常的做法有三类。

①　设置目标地址是 A 的数据包的下一跳为 PNS（强调 A 的 IP 动态变化）。

②　设置一个地址范围（服务提供商分配，涵盖了 A 动态变化的 IP），下一跳为 PNS（强调其安全性，相当于打开了一个通往外部网络的窗口，这在实际网络中是不允许的）。

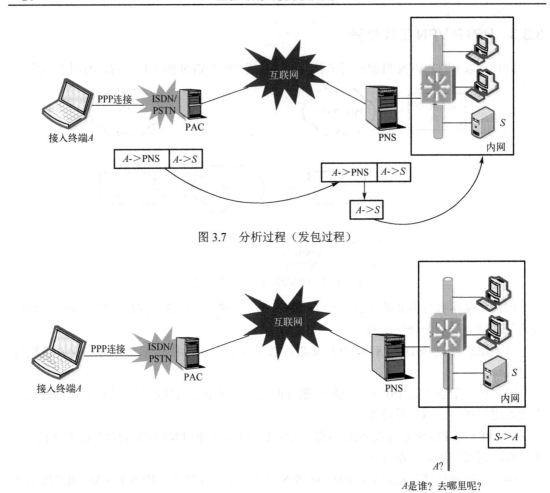

图 3.7 分析过程（发包过程）

图 3.8 分析过程（回包过程）

③ 设置一个默认路由，指向 PNS（强调会改变单位内部网络的路由指向，可能存在一些非 A 的数据包也被转发给了 PNS）。

由此，引出分配内部或者私有 IP 地址，这将使路由的设置非常简单，地址是确定且有限的。除了分配内部或私有 IP 地址之外，也可以采用反向 SNAT 来解决该问题。

分配内部 IP 或者私有 IP 地址，还可用于标识远程用户身份，便于对远程接入用户的管理。

（8）完成 NCP 协商之后，用户会话建立完成。用户数据可以通过 PPTP 隧道进行发送。在拨号用户处，IP 分组（或其他内部协议数据）被封装入 PPP 分组，通过 PPP 连接发送到 PAC；PAC 将 PPP 分组中的同步序列及透明位去掉，并将剩余帧封装入 GRE 头中形成 PPTP 分组。PPTP 分组作为 IP 分组的上层协议部分被发送给 PNS。

（9）在 PNS 处，当收到 PPTP 分组时，将它交给逻辑接口进行处理。逻辑接口依据 GRE 头中的信息确定该分组属于哪个会话，并将剥掉 GRE 头的 PPP 分组部分交给 PPP 接口进行处理。

（10）由企业主机或 PNS 发往用户的分组，其处理过程也类似。至此，一次虚拟拨号通信就完成了。

以上内容描述了拨号用户通过入站呼叫与总部建立会话的过程，事实上这也是虚拟拨号的主要应用。虚拟拨号的另一种应用是总部通过出站呼叫与用户建立连接，但它要求远程用户相对固定于某一 ISP。建立会话的过程与上面的过程没有大的差异。

3.3.4　PPTP 协议规范

1.　PPTP 分组封装

PPP 协议属于数据链路层，因此 PPTP 是发生在数据链路层的封装。封装后形成的分组被装入 IP 分组中，在 Internet 上进行发送。图 3.9 描述了用户的数据包如何在隧道中封装并传输的过程。

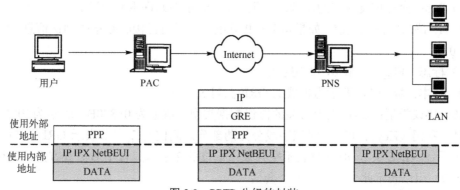

图 3.9　PPTP 分组的封装

IP 分组或其他非 IP 分组被封装入 PPP 分组之中。当 PPP 分组发送至 PAC 时，PPTP协议将其封装入扩展的 GRE 头之中。封装后的数据作为 IP 分组的数据部分，传送给下层媒体进行发送。

PPTP 协议通过扩展的 GRE 头对 PPP 分组进行封装。采用 GRE 封装，从层次上将数据链路层的 PPP 分组提升到传输层协议数据，成为 IP 协议可识别的数据。同时，利用扩展的 GRE 头中的序列号和确认号，可以对用户会话进行传输层流量控制，从而为用户会话提供面向连接的服务。

图 3.10 为扩展 GRE 头的格式。

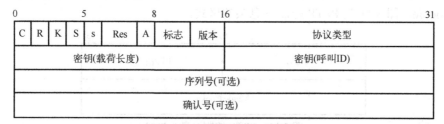

图 3.10　扩展的 GRE 头格式

各字段解释如下。

（1）C：校验和字段出现位。取 1 时表示校验和字段出现，取 0 时表示不出现。这里取 0，表示扩展的 GRE 头中没有校验和字段。

（2）R：路由项字段出现位。取 1 时表示路由项字段出现，取 0 时表示不出现。这里取 0，表示扩展的 GRE 头中没有路由项字段。

（3）K：密钥字段出现位。取 1 时表示密钥字段出现，取 0 时表示不出现。这里取 1，表示扩展的 GRE 头中出现密钥字段。这里的密钥与通常意义下的密钥有所不同，它不参与任何密码运算，而只用于隧道的分用/复用。

（4）S：序列号字段出现位。如果 GRE 头封装了 PPP 分组，则取 1，表明应在 GRE 头中出现序列号字段；若 GRE 为空封装（即 GRE 头后没有跟 PPP 分组），则 S 为 0，表示不出现序列号字段。此时的 PPTP 分组仅用于确认目的。

（5）s：严格源路由出现位。取 1 时表示将按路由项进行严格的源路由。取 0 时表示将不进行严格的源路由。这里取 0。

（6）Res：允许重复封装的次数。这里取 0，表示不允许重复封装。

（7）A：确认字段出现位。如果本 PPTP 分组包含了对已接收数据的确认信息，则取 1，否则取 0。

（8）标志（Flags）：取 0，保留备用。

（9）版本：取 001，表示为扩展的 GRE 头封装。

（10）协议类型：GRE 头中封装的协议数据类型，取值为 0x880B，表示为 PPP 分组。

（11）密钥（Key）：PPTP 将该字段分为两部分，高位的 2 字节表示 GRE 头封装的载荷长度（不含 GRE 头），取 0 时表示空封装；低位的 2 字节包含了通信双方为该会话分配的呼叫 ID，用以表示此分组属于哪个会话。

（12）序列号：本载荷的序列号。

（13）确认号：本端已收到的属于本会话的、来自对端的 PPTP 分组的最高序列号。

2．PPTP 控制消息

PPTP 定义了一套控制消息，它被当作 TCP 数据在 PNS 和指定 PAC 之间的控制连接上发送。控制连接的 TCP 会话是通过初始化一个与端口 1723 的连接来建立的。源端口可用任意未用的端口。

1）PPTP 控制消息头

每个控制消息都有一个固定的消息头，包括 PPTP 消息长度、PPTP 消息类型和一个 Magic Cookie。图 3.11 是 PPTP 控制消息头的格式。

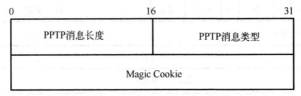

图 3.11　PPTP 控制消息头格式

Magic Cookie 取值为 0x1A2B3C4D。它主要用于对 PPTP 消息进行同步检查。如果收到的 PPTP 消息在该字段取值不为 0x1A2B3C4D，表明该分组已失真或失去同步。此时应关闭控制连接，并重新建立控制连接。

PPTP 控制消息类型如表 3.1 所示。PPTP 消息类型由 PPTP 消息类型域指示：

（1）取值为 1，表示控制消息；

（2）取值为 2，表示管理消息。

其中，管理消息主要是用以配置和维护 PAC 和 PNS 的运行，如从 PAC 那里获取当前的通信状态等信息，目前还没有定义，因此 PPTP 还不支持管理消息类型。

表 3.1 PPTP 的控制消息类型及相应消息代码

控制消息	消息代码	消息缩写	消息全称	意义简述
控制连接管理	1	SCCRQ	Start-Control-Connection-Request	建立控制连接请求
	2	SCORP	Start-Control-Connection-Reply	对建立控制连接请求的应答
	3	StopCCRQ	Stop-Control-Connection-Request	关闭控制连接请求
	4	StopCCRP	Stop-Control-Connection-Reply	对关闭控制连接请求的应答
	5	EchoRQ	Echo-Request	对控制连接的存活性探测
	6	EchoRP	Echo-Reply	对存活性探测的应答
呼叫管理	7	OCRQ	Outgoing-Call-Request	发起出站呼叫请求
	8	OCRP	Outgoing-Call-Reply	对发起出站呼叫请求的应答
	9	ICRO	Incoming-Call-Request	建立入站呼叫请求
	10	ICRP	Incoming-Call-Reply	对建立入站呼叫请求的应答
	11	ICCN	Incoming-Call-Connected	入站呼叫已建立
	12	CCRQ	Call-Clear-Request	关闭用户会话请求
	13	CDN	Call-Disconnect-Notify	通知对端关闭会话
错误报告	14	WEN	WAN-Error-Notify	出错通知
	15	SLI	Set-Link-Info	对 PPP 连接的配置

2）控制连接

本部分将讨论控制连接，分别从控制连接的建立、维护与关闭三个方面进行讨论，之后，还将讨论连接过程中碰撞问题的解决方案。

（1）控制连接的建立。

在 PAC 和 PNS 之间建立控制连接之前，必须先建立一个 TCP 连接。关于建立 TCP 连接的过程以及所需的配置在 PPTP 中都没有做出规定。在这里认为在建立控制连接之前，已建立好一个 TCP 连接。PAC 和 PNS 都可以发起建立 TCP 连接请求，而且由谁先发起都没有区别。控制连接的建立过程则要关心谁是发起者，以及谁是应答者。

控制连接的建立过程如图 3.12 所示。

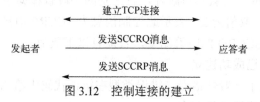

图 3.12 控制连接的建立

发起者通过 SCCRQ 消息告知应答者将建立一个控制连接，SCCRQ 中包括了对本地软硬件环境的描述。SCCRQ 消息格式如图 3.13 所示。

0	16　　　　　　　　31
PPTP头	
控制消息类型	保留
协议版本号	保留
成帧能力	
载体能力	
最大信道数	固件版本号
主机名(64字节)	
厂商文本(64字节)	

图 3.13　SCCRQ 消息格式

各字段解释如下。

① PPTP 头：PPTP 控制消息头。

② 控制消息类型：取值为 1，表示此控制消息类型为 SCCRQ 消息。

③ 保留：必须取 0 值，以做版本扩展之用。

④ 协议版本号：发起者使用的 PPTP 协议版本号，也意味着要求接收方使用该版本的 PPTP 协议。目前该字段取值为 1。

⑤ 成帧能力：发起者能提供的成帧能力，取 1 表示支持异步成帧，取 2 表示支持同步成帧。

⑥ 载体能力：发起者能提供的载体能力，取 1 表示支持模拟访问，取 2 表示支持数字访问。

⑦ 最大信道数：若发起者为 PAC，则该字段表示 PAC 能支持的最大物理信道数；若发起者为 PNS，则该字段取 0（PNS 不直接面对物理接口）。

⑧ 固件版本号：若发起者为 PAC，则该字段表示 PAC 的固件版本号；若为 PNS，则该字段表示 PPTP 驱动程序的版本号。

⑨ 主机名：发起者的 DNS 名，若不够 64 字节，以 0 补充对齐。

⑩ 厂商文本：用于描述发起者的其他附加信息，也为 64 字节，若不够 64 字节，以 0 补充对齐。

当收到发起者发来的 SCCRQ 消息时，应答者将对该消息中给出的协议版本号、载体能力等字段进行检查，若符合应答者的通信配置要求，则应答者发回 SCCRP 消息作为应答。

在 SCCRP 中，包含了应答者的软硬件配置等信息。SCCRP 的消息格式如图 3.14 所示。与 SCCRQ 中相同的字段就不再解释，有区别的字段解释如下。

① 控制消息类型：取值为 2，表示此控制消息为 SCCRP 消息。

② 结果代码：对 SCCRQ 的应答结果，目前有以下取值。

1　　表示连接已成功建立

2　　表示发生了一般性错误（错误类型在错误代码中给出）

3　　表示控制连接已经存在

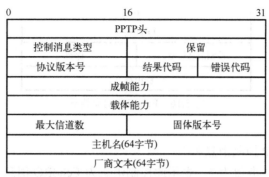

图 3.14 SCCRP 消息格式

4 表示发起者未被授权建立控制连接

5 表示应答者不支持的发起者的协议版本号

如上所述，结果代码取 1 之外的任何值，均表示连接不成功。

③ 出错代码：当结果代码取 2 时，表示发生了一般性错误。此时，具体的错误类型在错误代码中给出。一般性错误代码取值如下：

0 表示没有错误

1 表示此<PAC,PNS>对尚无控制连接

2 表示消息格式错误

3 表示取值错误（如保留字段为非 0）

4 表示资源不足，没有足够的资源处理请求

5 表示错误的呼叫 ID

6 表示 PAC 错误

一般性错误是指代码取值对应的意义与具体的连接请求无关，具有普遍的意义。在下面的介绍中，提到的一般性错误列表均是指上述类型。

若发起者收到的 SCCRP 消息的结果代码为 1，且消息中的其他配置信息都符合发起者的通信配置要求，则控制连接建立成功。

（2）控制连接的维护。

当控制连接建立完成以后，PAC 和 PNS 都应随时确认控制连接的存活性。如果发起者在控制连接上已有一段时间没有收到控制消息，应向应答者发送 EchoRQ 消息，探测应答者是否仍在保持该控制连接。若应答者保持，则应立即应答 EchoRP 消息。发起者如果重复发送一定次数的 EchoRQ 消息后仍不能收到应答的 EchoRP 消息，则认为应答者已关闭该控制连接，发起者随后也关闭控制连接。存活性探测的过程如图 3.15 所示。

图 3.15 存活性探测的过程

EchoRQ 的消息格式如图 3.16 所示。

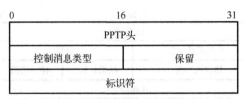

图 3.16 EchoRQ 消息格式

各字段的解释如下。

① PPTP 头：PPTP 控制消息头。

② 控制消息类型：取值为 5，表示此控制消息为 EchoRQ 消息。

③ 保留：必须取 0 值。

④ 标识符：一个随机值，用以与 EchoRP 消息相匹配。它具有唯一性。

收到 EchoRQ 消息后，如果应答者仍存活，则立即应答 EchoRP 消息。

EchoRP 消息格式如图 3.17 所示。

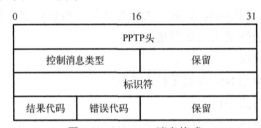

图 3.17 EchoRP 消息格式

各字段解释如下。

① PPTP 头：PPTP 控制消息头。

② 控制消息类型：取值为 6，表示此控制消息为 EchoRP 消息。

③ 保留：必须取 0 值。

④ 标识符：来源于对相应 EchoRQ 消息的标识符字段值的副本，用以两消息的匹配。

⑤ 结果代码：对收到的 EchoRQ 消息的应答结果，取 1 时表示应答者仍存活，取 2 时表示发生了一般性错误。

⑥ 出错代码：当结果代码取 2 时，表示一般性错误的类型，其取值见一般性错误列表。

目前，PPTP 协议对于控制连接的维护仅限于存活性探测。

（3）控制连接的关闭。

无论 PAC 还是 PNS，都可以向对方发送 StopCCRQ 消息以请求关闭控制连接。请求关闭的原因可能是本地系统管理原因、通信故障或用户请求。当一方收到 StopCCRQ 消息时，应在本地做出适当处理之后，立即发送 StopCCRP 消息作为应答。

如图 3.18 所示，当关闭连接时，PPTP 连接的一端向对端发送 StopCCRQ 消息以请求关闭连接。在 StopCCRQ 消息中发起者应给出关闭连接的原因。

图 3.18 PPTP 关闭连接的过程

StopCCRQ 消息的格式如图 3.19 所示。

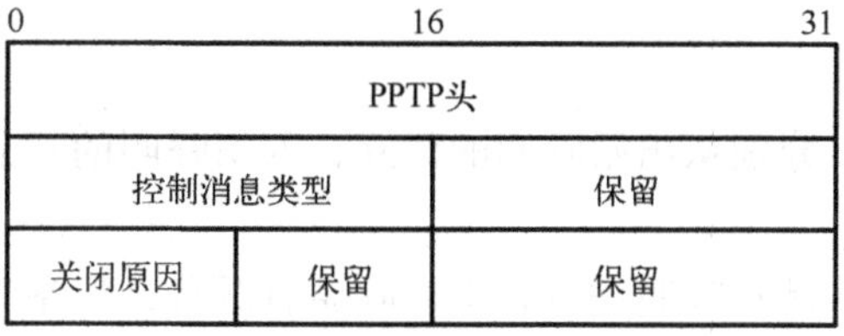

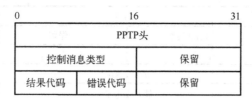

图 3.19　StopCCRQ 消息格式

各字段解释如下。

① PPTP 头：PPTP 控制消息头。

② 控制消息类型：取值为 3，表示此控制消息为 StopCCRQ 消息。

③ 关闭原因：关闭控制连接的原因，有如下取值。

1　　表示一般关闭请求

2　　表示不支持对端协议版本号（比如在运行期间发生的协议升级）

3　　表示请求方正被关闭（如关机）

当应答者收到对端的 StopCCRQ 消息后，在应答消息 StopCCRP 中给出应答结果。StopCCRP 消息的格式如图 3.20 所示。

图 3.20　StopCCRP 消息格式

各字段解释如下。

① PPTP 头：PPTP 控制消息头。

② 控制消息类型：取值为 4，表示此控制消息为 StopCCRP 消息。

③ 结果代码：应答结果，取 1 时表示控制连接关闭，取 2 时表示发生一般性错误，不能关闭。

④ 出错代码：当结果代码取 2 时，表示一般性错误的具体类型，取值见一般性错误列表。

当发起方收到结果代码为 1 的 StopCCRP 消息后，关闭连接。应注意的是，关闭一个控制连接意味着相应<PAC,PNS>对的隧道中的所有用户会话都将关闭。

（4）控制连接建立过程中碰撞问题的解决方案。

在一个<PAC,PNS>对之间只能有一个控制连接。无论 PAC 还是 PNS，都可以在 TCP 连接建立之后发起控制连接建立的请求，因此很有可能发生建立请求的碰撞。例如，PAC 给 PNS 发送了 SCCRQ 消息之后，在没有收到对方 SCCRP 消息之前，收到来自对方的 SCCRQ 消息，此时就发生了碰撞。

在碰撞发生后，PPTP 主机将有选择地忽略一方的连接请求，以确保只有一个控制连接得以建立。在 PPTP 协议中，发生碰撞时的选择原则为：比较双方 IP 地址的大小，使 IP

地址大的一方成为请求的"赢家"。"赢家"的连接请求将被做进一步的处理，而另一方的请求将被丢弃。

3）呼叫

本部分将介绍呼叫，分别从出站呼叫的建立、入站呼叫的建立、呼叫的维护与关闭四个方面进行讨论。

建立控制连接的目的是对呼叫进行管理。呼叫有两种：出站呼叫和入站呼叫。当总部主动向远程用户发出呼叫并企图建立连接时，称为出站呼叫；远程用户通过 PSTN/ISDN 网向总部拨号呼叫时，称为入站呼叫。

（1）出站呼叫的建立。

出站呼叫的建立是一个二次握手的过程，如图 3.21 所示。当 PNS 希望与远程用户发生会话时，它依据远程用户所在地决定目标 PAC，并向此 PAC 发送 OCRQ 请求。

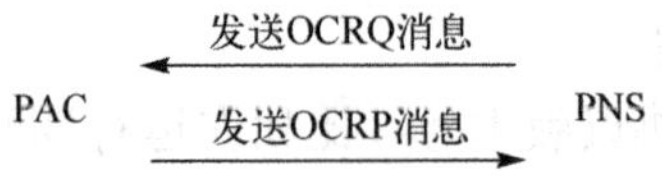

图 3.21　出站呼叫的建立

OCRQ 消息的格式如图 3.22 所示。

0	16	31
PPTP头		
控制消息类型	保留	
呼叫ID	呼叫序列号	
最小线速度		
最大线速度		
载体类型		
成帧类型		
分组接收窗口尺寸	分组处理延迟	
电话号码长度	保留	
电话号码(64字节)		
其他地址信息(64字节)		

图 3.22　OCRQ 消息格式

各字段解释如下。

① PPTP 头：PPTP 控制消息头。

② 保留：预留字段。

③ 控制消息类型：取值为 7，表示此控制消息为 OCRQ 消息。

④ 呼叫 ID：PNS 为本次呼叫分配的唯一标识。唯一是对某一条隧道而言的。PNS 为所有受某一条隧道保护的用户呼叫分配在该隧道中的唯一标识。一旦为该呼叫分配了 ID，所有属于此呼叫的 PPTP 分组中 GRE 头的密钥字段都必须包含此 ID。由于呼叫 ID 的唯一性，PNS 能区分该分组属于哪一个会话，由此完成 PAC 和 PNS 之间的隧道复用/分用。隧道的复用是指通过某一条隧道可以同时封装多个用户会话，分用则是指 PPTP 能对不同的会话的分组进行区分。

⑤ 呼叫序列号：PNS 为此呼叫分配的一个标识符，用于日志及排错。呼叫序列号与呼叫 ID 的不同之处在于：对于同一呼叫，PNS 为它分配一个呼叫 ID，同时 PAC 也为它分配一个呼叫 ID，用以标识另一方向上的通信；而在 PNS 给定呼叫序列号之后，PAC 也将使用此序列号。

⑥ 最小线速度：此呼叫将建立的会话对 PAC 的物理接口及 PSTN/ISDN 网的电路连接的最小处理速度和线速度的要求。如果不能达到此要求，会影响会话的正常进行。

⑦ 最大线速度：此呼叫将建立的会话对 PAC 的物理接口及 PSTN/ISDN 网的电路连接的最大处理速度和线速度的限制。如果超过此限制，会影响会话的正常进行，如造成隧道阻塞。

⑧ 载体类型：建立呼叫时，对 PAC 直接面对的 PSTN/ISDN 网的通信性能的要求。此字段有如下取值。

　　1　　表示应将呼叫置于模拟信道

　　2　　表示应将呼叫置于数字信道

　　3　　表示呼叫可以置于任何信道

⑨ 成帧类型：建立呼叫时，对 PAC 直接面对的 PSTN/ISDN 网的成帧性能要求。此字段有如下取值：

　　1　　表示使用异步成帧方式

　　2　　表示使用同步成帧方式

　　3　　表示可使用任何成帧方式

⑩ 分组接收窗口尺寸：PNS 为该呼叫分配的缓存空间的大小，单位为分组，表示在没有等到分组确认时，最多可以给 PNS 发送的分组个数。

⑪ 分组处理延迟：PNS 处理一满窗口分组的时间的最大估计值，单位为 1/10s。对于 PNS 来说，该值应尽可能小。

⑫ 电话号码长度：被呼叫用户的电话号码的长度。

⑬ 电话号码：被呼叫用户的电话号码，如 ISDN 用户，该号码应为 ASCII 字符串。电话号码少于 64 字节时，应填充 0 对齐。

⑭ 其他地址信息：其他拨号信息，少于 64 字节时，也要填充 0 对齐。

当 PAC 收到 OCRQ 消息时，PAC 进行必要的判断，如增加此呼叫是否将超出本地承受呼叫数的限制、成帧及载体类型是否相符等。如果不能通过判断，则立即应答 OCRP 消息表示不能接受呼叫；如果通过判断，则 PAC 依据呼叫电话号码，向远程用户发起电路交换连接，并将连接结果以 OCRP 消息发送给 PNS，表明连接结果和此呼叫的配置信息，以及出站呼叫使用的具体参数。OCRP 消息的具体格式如图 3.23 所示。

各字段解释如下。

① PPTP 头：PPTP 控制消息头。

② 保留：预留字段。

③ 控制消息类型：取值为 8，表示此控制消息为 OCRP 消息。

④ 呼叫 ID：PAC 为本次呼叫分配的唯一标识。一旦为该呼叫分配了 ID，所有属于此呼叫的 PPTP 分组中 GRE 头的密钥字段都必须包含此 ID。

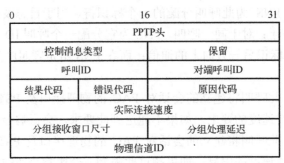

图 3.23　OCRP 消息格式

⑤ 对端呼叫 ID：PNS 为该呼叫分配的 ID。附上这个 ID 使得 OCRP 和 OCRQ 对应起来。

⑥ 结果代码：对出站呼叫请求的应答结果。代码取值如下。

1　表示成功建立呼叫

2　表示发生了一般性错误

3　表示不能侦听到来自拨号用户的载波

4　表示远程用户忙，不能接受拨号

5　没有拨号音

6　表示超出 PAC 为出站呼叫分配的时限

7　表示因为管理原因，不能接受出站呼叫

⑦ 出错代码：如果结果代码取值为 2，该字段表示一般性错误的具体类型。类型代码见一般性错误列表。

⑧ 原因代码：附加的出错原因信息。

⑨ 实际连接速度：电路连接使用的实际线速度。与 L2F 和 L2TP 不一样，这里的连接速度在远程用户与 PAC 之间一定是对称的，不能在不同方向上有差异。

⑩ 分组接收窗口尺寸：PAC 为本次呼叫分配的缓存空间大小，单位为分组。

⑪ 分组处理延迟：PAC 处理一满窗口分组的时间的最大估计值，单位为 1/10s，这个估计值与分组接收窗口尺寸、实际连接速度等因素有关。

⑫ 物理信道 ID：此字段仅用于日志。

该消息的后四个字段只有在结果代码取 1 时才有意义，才能够取非零值。

当一个出站呼叫成功建立时，PAC 与 PNS 之间的控制连接、隧道配置等都准备就绪，可以接收和发送 PPP 分组，并且远程用户与 PAC 之间的 PPP 连接已完成至少 LCP 协商。此时的 PPP 连接被逻辑地延伸到 PNS 与远程用户之间。PNS 可以开始通过此 PPP 连接对用户进行身份鉴别（如 PPP CHAP 鉴别），并进行 PPP NCP 协商。在 NCP 协商完成之后，PNS 和远程用户之间的会话正式形成，可以通过它传送数据信息。

（2）入站呼叫的建立。

当远程用户希望通过 ISP 呼叫总部时，将建立一次入站呼叫。用户在拨号请求中，包含了呼叫地址（如总部的电话号码）。ISP 的 PAC 依据地址信息，确定用户需要虚拟拨号服务并同时确定目标 PNS。随后 PAC 和 PNS 之间便开始"三次握手"的消息序列交换。

入站呼叫的建立如图 3.24 所示。

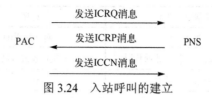

图 3.24　入站呼叫的建立

采用三次握手机制的目的是减轻 PAC 的工作负荷。如果对于每一个拨号请求，PAC 都不经鉴别地与之进行 PPP 连接，则将耗费大量的 PAC 资源，而且还有可能发生错误的连接授权。在 PPTP 协议中，对于每个需要虚拟拨号服务的用户，PAC 先通过发送 ICRQ 消息请求 PNS 对呼叫用户进行鉴别，如果 PNS 肯定回答 PAC 允许提供服务，PAC 才应答用户的请求。这里的鉴别非常简单，只限于简单的查询和比较。

图 3.25 所示的是 ICRQ 消息格式。

0	16	31
PPTP头		
控制消息类型	保留	
呼叫ID	呼叫序列号	
载体类型		
物理信道ID		
被呼叫者号码长度	呼叫者号码长度	
被呼叫者号码(64字节)		
呼叫者号码(64字节)		
附加呼叫信息(64字节)		

图 3.25　ICRQ 消息格式

各字段解释如下（与以前介绍的消息相同或相近的字段不再重复介绍）。

① 控制消息类型：取值为 9，表示此控制消息为 ICRQ 消息。

② 载体类型：该入站呼叫使用的载体类型，取 1 时表示将呼叫置于模拟信道，取 2 时表示将呼叫置于数字信道。此字段用以向 PNS 表明电路交换连接的服务质量。

③ 物理信道 ID：用户呼叫来自哪个物理信道，此字段仅用于日志记录。

④ 被呼叫者号码长度：被呼叫者号码的实际长度。

⑤ 呼叫者号码长度：呼叫者号码的实际长度。

⑥ 被呼叫者号码：呼叫者呼叫的号码。

⑦ 呼叫者号码：呼叫者的号码。

⑧ 附加呼叫信息：附加的呼叫信息。

PNS 在收到 PAC 发来的 ICRQ 消息之后，对它做适当的检查，并通过向 PAC 发送 ICRP 消息做出回应。该消息向 PAC 表明是否应答用户的请求。如果应答，则该消息还含有 PNS 对此呼叫的配置信息。ICRP 消息的格式如图 3.26 所示。

PPTP头	
控制消息类型	保留
呼叫ID	对端呼叫ID
结果代码　错误代码	分组接收窗口尺寸
分组处理延迟	保留

图 3.26　ICRP 消息格式

各字段解释如下（与以前介绍的消息相同或相近的字段不再重复介绍）。

① 控制消息类型：取值为 10，表示此控制消息为 ICRP 消息。

② 结果代码：对入站呼叫请求的应答结果。代码的取值如下。

1　　表示 PAC 应该应答请求

2　　表示因发生一般性错误而不能应答请求

3　　表示因其他错误而不能应答请求

③ 错误代码：如果结果代码取值为 2，该字段表示一般性错误的具体类型，其取值见一般性错误列表。

④ 分组接收窗口尺寸：PNS 为本次呼叫分配的缓存空间大小，单位为分组，表示 PAC 在没有得到确认时，最多可为此会话向 PNS 发送的分组数。

⑤ 分组处理延迟：PNS 处理一满窗口分组的时间的最大估计值，单位为 1/10s。

只有在结果代码取 1 时，后两个字段才有意义，才能取非零值。

收到 PNS 发送的肯定回答之后，PAC 应答用户请求，并与之建立 PPP 连接。PAC 将连接的实际结果通过 ICCN 消息报告给 PNS，ICCN 的消息格式如图 3.27 所示。

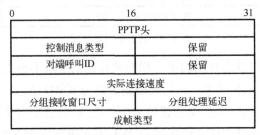

PPTP头	
控制消息类型	保留
对端呼叫ID	保留
实际连接速度	
分组接收窗口尺寸	分组处理延迟
成帧类型	

图 3.27　ICCN 消息格式

各字段解释如下（与以前介绍的消息相同或相近的字段不再重复介绍）。

① 控制消息类型：取值为 11，表示此控制消息为 ICCN 消息。

② 实际连接速度：电路连接使用的实际线速度。

③ 成帧类型：PAC 的物理接口能提供的成帧类型，为 1 时表示支持异步成帧，为 2 时表示支持同步成帧。

当 PNS 收到 ICCN 消息，并且该消息通过适当的检查后，入站呼叫建立完成。通过 PAC 与 PNS 之间的隧道封装，PPTP 协议将用户到 PAC 之间的物理 PPP 连接扩展到 PNS。PNS 此时可以与远程用户进行进一步的 PPP LCP 协商、PPP 鉴别、NCP 协商。

（3）呼叫的维护。

PPTP 协议中仅有两种控制消息对呼叫进行维护。其中一个是 WEN 消息，是由 PAC 向 PNS 发送的，用来报告对会话的通信质量的审计结果，该消息可能导致用户与 PNS 之间进行新的 LCP 协商等动作；另一个是 SLI 消息，是由 PNS 发往 PAC 的，用于为 PAC 配置新的 LCP 协商结果。下面将对这两种消息依次进行介绍。

WEN 消息中的所有统计信息都来源于 PPP 物理接口和 PPTP 虚拟接口上对通信质量的统计。在会话存活期间，所有的统计计数器是累加的。PAC 只有在发生错误时才允许向 PNS 发送 WEN 消息，而且发送频率不能超过 60 秒一次。WEN 消息的格式如图 3.28 所示。

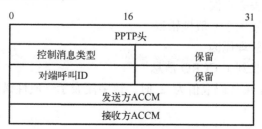

图 3.28　WEN 消息格式

各字段解释如下（与以前介绍的消息相同或相近的字段不再重复介绍）。

① 控制消息类型：取值为 14，表示此控制消息为 WEN 消息。

② 对端呼叫 ID：PNS 为该呼叫分配的呼叫 ID，表示此消息对哪个会话进行报错。

③ CRC 错误：自会话建立以来，收到 CRC 错误的 PPP 帧的总数。

④ 成帧错误：自会话建立以来，收到成帧错误的 PPP 帧的总数。

⑤ 硬件超限：自会话建立以来，接收缓冲区超限的次数统计。

⑥ 缓冲区溢出：自会话建立以来，探测到的缓冲区溢出次数。

⑦ 超时错误：自会话建立以来，超时发生的次数统计。

⑧ 对齐错误：自会话建立以来，分组对齐错误发生的次数统计。

通过 WEN 消息，PNS 可以了解 PAC 接口和 PPTP 虚拟接口的工作质量。必要时 PNS 可以发起与远程用户之间的 LCP 协商，甚至因为服务质量的原因而关闭会话。

SLI 消息将通信过程中的 PPP 协商结果告诉 PAC。例如，在通信的过程中，远程用户动态地修改了 ACCM（Async. Control Character Map 异步控制字符对应表）。当 LCP 分组到达 PAC 时，将被当作通常的 PPP 分组不加识别地被封装发送。因此，如果 PNS 不将修改后的 ACCM 告诉 PAC，PAC 将失去分组映射功能。

SLI 消息的格式如图 3.29 所示。

0　　　　　　　　　　16　　　　　　　　　　31
PPTP头

控制消息类型	保留
对端呼叫ID	保留

发送方ACCM
接收方ACCM

图 3.29　SLI 消息格式

各字段解释如下（与以前介绍的消息相同或相近的字段不再重复介绍）。

① 控制消息类型：取值为 15，表示此控制消息为 SLI 消息。

② 发送方 ACCM：远程用户发送数据时使用的 ACCM，缺省时为 0xFFFFFFFF。PAC 将用此 ACCM 去掉收到的 HDLC 帧中的控制位。

③ 接收方 ACCM：远程用户去掉收到的 HDLC 帧中的控制位时使用的 ACCM，缺省时为 0xFFFFFFFF。在 PAC 物理端口上发送数据时将使用此 ACCM 成帧。

（4）呼叫的关闭。

呼叫被关闭有两种原因：一是 PAC 本地的原因，此时 PAC 发送 CDN 给 PNS，要求关闭会话；二是 PNS 的原因，例如，远程用户通过 PNS 关闭会话，PNS 则向 PAC 发送 CCRQ，PAC 在收到该消息后，回应 CDN 消息，确认关闭。

当远程用户请求挂断拨号访问时，应关闭相应的用户会话。请求挂断的 PPP 分组被封装后经 PAC 传递到 PNS。此时，PNS 通过向 PAC 发送 CCRQ 消息来通知它关闭该用户的会话。PAC 收到 CCRQ 消息后，向 PNS 应答 CDN 消息，并关闭呼叫 ID 指定的会话；PNS 在收到 CDN 消息后，也关闭该会话。CCRQ 消息的格式如图 3.30 所示。

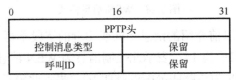

图 3.30　CCRQ 消息格式

CCRQ 消息的类型为 12。

关闭会话时，发送的 CDN 消息格式如图 3.31 所示。

图 3.31　CDN 消息格式

各字段解释如下（与以前介绍的消息相同或相近的字段不再重复介绍）。

① 控制消息类型：取值为 13，表示此控制消息为 CDN 消息。

② 结果代码：为何要关闭会话，取值如下。

　1　表示因为失去载波
　2　表示因为发生了一般性错误
　3　表示因为管理原因
　4　表示因为收到了 CCRQ 消息

③ 出错代码：当结果代码取值为 2 时，该字段表示一般性错误的具体类型，取值见一般性错误列表。

④ 原因代码：附加的关闭原因信息。

⑤ 呼叫统计：一个厂商自由填写的会话统计信息，以便会话的诊断和排错。不满 128 字节时，以 0 填充。

在发送 CDN 消息之后，PAC 关闭会话，PNS 在收到 CDN 消息或者发送的 CCRQ 消息超时时，关闭会话。

对于呼叫，这里不再给出有限状态模型，可以参照控制连接的有限状态模型。

3. PPTP 协议中的流量控制

由于采用了 GRE 封装，PPTP 数据利用滑动窗口和超时机制对数据通道进行流量与阻塞控制，防止接收缓冲区溢出。

隧道的两个端点各自有其初始超时（Time-Out）值和滑动窗口尺寸，发送端滑动窗口的尺寸应为接收窗口尺寸的 1/2。窗口的最大可接受值在双方建立连接时已经确定。每当成功地对窗口内的所有分组进行处理，并未发生超时时，滑动窗口尺寸增加 1（单位为数据包），直到最大可接受值。在以上过程中，如果有数据超时，发送方将把传送窗口尺寸设定为当前值的一半，但是并不重发数据。在没有数据包超时发生的时候减少超时值，而在超时发生时迅速增加超时值。

这样，在收到一个确认时，都按照一定的法则调整超时值，以适应当前网络的通信环境。调整的法则很关键，它必须保证：超时值的计算是收敛而非发散的。较好的法则能使会话双方保持一个恰当的超时值，可以避免一个已丢弃数据包进行不必要的等待确认，或在没确认到来之前，过早终止等待，并将它视为超时的情况。一旦超时发生，滑动窗口的尺寸应迅速回退，超时值应迅速增加，但超时的包却不重传，以此来达到流量控制和阻塞控制的目的。

3.3.5　PPTP VPN 的安全性分析

（1）灵活性差。

① 其采用固化的消息格式，缺乏灵活性，不利于协议的扩展。

② 只适应于 IP 网络，不能在非 IP 网络中封装 PPP 协议，因此缺乏可移植性。

（2）鉴别机制不健全。

① 没有为控制连接的建立过程以及入站呼叫/出站呼叫的建立过程提供任何鉴别机制。

② 没有提供数据完整性保护。

③ 对传送于隧道间的数据不提供完整性保护，因此攻击者可能注入虚假控制信息或数据信息，还可以对传输中的数据进行恶意的修改。

（3）没有提供数据的强机密性保护。

对传送于隧道间的数据不提供强机密性保护，因此，传输于公网上的数据信息或控制信息有可能泄露，PPTP 没有特别指定认证和加密算法，它只提供了一个协商特殊算法的框架。PPTP 协议中数据用建立在 PPP 协议上的方法进行加密和认证。PPP 本身没有任何加密、认证措施，但是它支持加密及认证。

3.4 L2TP VPN 技术

PPTP 由于得到了 Microsoft 的支持，应用最为广泛，并且已提交给 IETF 进行标准化，尽管这样，PPTP 仍只适用于 Windows NT4.0 和 Linux 系统的网络。后继也出现了 L2F（Layer Two Forwarding）协议，但 PPTP 和 L2F 之间并不兼容，这给实际应用带来了许多不便。

为了改变这种现状，在 1996 年 6 月，Microsoft 和 Cisco 向 IEFT PPP 扩展工作组（PPPEXT）提交了一个 MS-PPTP 和 Cisco L2F 协议的联合版本。该版本被命名为第二层隧道协议（L2TP）。这一协议的提出意味着 VPN 拨号协议有了一个工业范围的 IETF 规范，协议中保持了 L2F 和 PPTP 中最出色的部分。

实际上，L2TP 和 PPTP 十分相似，因为 L2TP 有一部分采用的就是 PPTP 协议，比起 PPTP，L2TP 实现了 PPP 帧在 IP、X.25、帧中继或 ATM 等多种网络上的传送，突破了 PPTP 只能在 IP 网络上传送的局限性，并且在 L2TP 中也提供了较为完善的身份鉴别机制，从 3.2 节可以知道，PPTP 的身份鉴别完全依赖于 PPP 协议的鉴别过程。

3.4.1 L2TP VPN 术语

（1）呼叫。远程系统和 LAC 之间的一次连接或连接企图，如通过 PSTN 网的一次电话呼叫。如果 LAC 和 LNS 之间已建立了隧道，则一次成功的呼叫将导致该隧道上相应的一次会话。

（2）控制连接。一个控制连接是 LAC 和 LNS 之间的一个 TCP 连接，用以建立、维护和关闭 L2TP 会话与控制连接本身。

（3）会话。L2TP 是面向连接的。LNS 和 LAC 为每一次呼叫都保持着状态。当端到端的 PPP 连接在远程系统和 LNS 之间建立之后，一次 L2TP 会话也将在 LAC 和 LNS 之间建立，通过 LAC 和 LNS 之间的隧道发送与 PPP 连接有关的数据报。所建立的 L2TP 会话和与其相联系的呼叫之间是一一对应关系。

（4）隧道。隧道存在于一个 LAC-LNS 对之间。隧道包括一个控制连接和零个或多个 L2TP 会话。隧道在 LAC 和 LNS 之间传送被封装的 PPP 数据报和控制消息。

（5）网络访问服务器。NAS 为每一个用户的网络访问提供随时的、临时的服务。这种访问是使用 PSTN 或 ISDN 线路的点到点访问。在 L2TP 协议中，它可作为 LAC 或 LNS 使用。

（6）L2TP 访问控制器（L2TP Access Controller，LAC）。LAC 用作一个 L2TP 隧道的一个端点，是 LNS 的一个对等体。LAC 位于一个 LNS 和一个远程系统之间，并在两者之间收发数据包。从 LAC 发往 LNS 的数据包需要用 L2TP 协议来进行隧道传输。从 LAC 到远程系统之间的连接是本地连接或是 PPP 连接。

（7）L2TP 网络服务器（L2TP Network Server，LNS）。LNS 用作一个 L2TP 隧道的一个端点，是 LAC 的一个对等体。LNS 是一次 PPP 会话的逻辑端节点，能处理 PPP 协议和 L2TP 协议分组。

（8）挑战握手身份认证协议（Challenge Handshake Authentication Protocol，CHAP）。它是一种通过 PPP 协议交换鉴别信息的鉴别协议，该协议的密钥不被明文传输。

（9）口令验证协议（Password Authentication Protocol，PAP）。通过传输明文的用户名和口令以达到证明身份的目的。

（10）属性值对（Attribute Value Pair，AVP）。其用于构造 PPTP 的控制消息。

3.4.2　L2TP VPN 实现模式

L2TP 主要通过 LAC 和 LNS 构成，LAC 支持客户端的 L2TP，用于发起呼叫、接受呼叫和建立隧道；LNS 是所有隧道的终点，终止所有的 PPP 流（有时还对 PPP 流进行认证）。在传统的 PPP 连接中用户拨号连接的终点是 LAC，L2TP 使 PPP 协议的终点延伸到 LNS。

如图 3.32 所示，L2TP VPN 有两种实现模式。

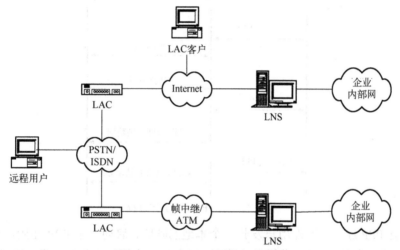

图 3.32　L2TP VPN 网络拓扑结构

1）强制模式

强制模式是当前普遍采用的一种 L2TP VPN 实现模式。在这种实现模式下，LAC 提供拨号服务和 L2TP 服务。对于远程用户而言，L2TP VPN 的实现是透明的。远程用户只需向 LAC 拨号，建立 PPP 连接，然后由 LAC 建立一条通向 LNS 的隧道。

在这种 VPN 的实现模式中，由于隧道在 LAC 和 LNS 之间产生，因而对远程系统的软件构成没有限制，只需加载 TCP/IP 协议以及普通的远程拨号软件即可。远程系统可以同时建立多条隧道，与多个公司同时通信。这种模式的主要缺点在于隧道的建立只能依赖于支持 L2TP 协议的服务者。

2）自愿模式

自愿模式是由 LAC 客户自己建立、控制和管理 VPN。LAC 客户是指连接到 Internet 的主机，包含 LAC 客户软件，它可以完成隧道的建立、维护和释放的工作。当 LAC 客户初始化隧道呼叫时，LAC 客户就成为 LAC。这种隧道建立方式对 ISP 是透明的，用户只需在其主机上配备 LAC 客户软件即可与 LNS 建立连接。

这种模式适合远程办公用户与公司网络相连的情况，隧道的建立不依赖服务提供商。但是这种模式下每一个工作站都有自己的隧道，因而 LNS 需要大量的隧道来满足用户的连接请求，并且每一个客户只能同时开通一条隧道。

在本节的介绍中，以 L2TP VPN 的强制模式为主。

L2TP 能够支持多种网络层协议（如 IP、IPX、Appletalk 等），支持任意的广域网技术（如帧中继、ATM、X.25、SDH/SONET）以及其他的以太网技术。L2TP 还提供了流量控制的机制，能够完成输入、输出呼叫的功能，并且提供了一种加密措施（如 MD5），保证关键数据（如用户名、口令等）的安全性。L2TP 利用多种传输技术（如用户数据报协议 UDP、帧中继、ATM 等）完成数据传送的工作。

3.4.3　L2TP VPN 工作过程

L2TP VPN 工作过程与 PPTP VPN 工作过程基本类似，如图 3.33 所示。

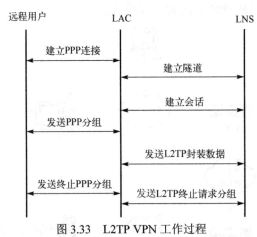

图 3.33　L2TP VPN 工作过程

（1）建立 PPP 连接：远程用户发起一个本地的呼叫，启动一个 PPP 连接，连接到 LAC（进行 LCP 配置、使用 CHAP 进行身份验证、确定是否需要虚拟拨号，即 VPN 策略判别）。

（2）建立隧道：如果 LAC 与该 LNS 之间没有建立隧道，则由 LAC 向 LNS 发起建立隧道的请求，并为该隧道分配隧道号，即隧道 ID。

（3）建立会话：隧道建立后，在隧道中为该用户的呼叫分配 ID。之后，LAC 向 LNS 发出入站呼叫。如果 LNS 接受此入站呼叫，则 LNS 为此呼叫产生一个"虚拟接口"，该虚拟接口就是 L2TP 隧道的终点，同样，在 LAC 上也有一个虚拟接口。此时，LAC 到 LNS 之间的会话已经建立。

（4）发送 PPP 分组：从远程用户发送来的 PPP 分组，通过 PPP 连接上的异步或同步的 HDLC 成帧，发往 LAC。

（5）发送 L2TP 封装数据：LAC 上的 L2TP 虚拟接口将 PPP 分组用 L2TP 进行封装，发送至 LNS 后，L2TP 头被剥去，剩余的 PPP 分组将与本地的分组一样被送入相应的接口进行处理。

（6）发送终止 PPP 分组：当用户想终止链路时，可以向 LNS 发送终止请求分组，请求断开 PPP 连接。该分组同其他分组一样，封装在 L2TP 隧道中传送给 LNS。

（7）发送 L2TP 终止请求分组：LNS 在收到该分组后，发送终止确认分组以终止链路。LNS 知道用户已经终止了本次会话后，发送 L2TP 呼叫关闭分组给 LAC，释放会话连接。

3.4.4　L2TP 协议规范

L2TP 使用两种报文类型：控制报文和数据报文。控制报文用于建立、维护和清除隧道与呼叫。数据报文用于封装在隧道上传输的 PPP 帧。控制报文使用 L2TP 的可靠信道传输。而数据报文使用不可靠的信道进行传输，由 L2TP 头进行封装后在 UDP、帧中继（FR）、ATM 之上传送，在丢失后不再重传。

图 3.34 描述了 PPP 帧和 L2TP 控制消息在 L2TP 控制信道和数据信道之上的关系。

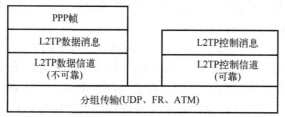

图 3.34　L2TP 分组封装

1．L2TP 协议头

控制信道和数字信道具有相同的头格式。当一个域是可选项时，如果它不在消息中出现，那么消息中并不为它预留空间。一些在数据消息中可选的项，如长度、Ns、Nr，在控制消息中则必须存在。L2TP 协议头如图 3.35 所示。

0							8	12		16		31
T	L	*	*	S	*	O	P	*	Ver		长度 (可选)	
隧道ID								呼叫ID				
Ns (可选)								Nr (可选)				
偏移量 (可选)								偏移填充(可选)				

图 3.35　L2TP 协议头

各字段解释如下。

（1）T 代表消息类型，取 0 时表示 L2TP 中封装的是 PPP 分组，即数据载荷；取 1 时表示控制消息。

（2）L 代表长度字段是否出现。当消息类型为数据载荷时其为可选项。取 1 时表示有长度字段，取 0 时表示没有长度字段。

（3）*代表保留字段，用于将来的扩充。所有的这些位必须置 0，否则将为一个非法的 L2TP 分组。

（4）S 代表序列号是否出现。如果设置了这一位，则序列号出现。在控制消息中必须将 S 位置 1。

（5）O 代表偏移量字段是否出现。如果设置了这一位，则偏移量字段出现。在控制消息中必须将 O 位置 0，表示没有偏移量字段。

（6）P 代表优先权位。这一特征只是对数据消息而言，如果设置了这一位，则将在本地排队和传输中优先处理这个数据消息。而对于控制消息这一位必须置 0。

（7）Ver 代表 L2TP 的版本，目前取值应为 2，表示正在使用版本 1。保留值 1 表示 L2F 封装的分组，多数 L2TP 可以向下兼容 L2F。当接收到一个版本值未知的数据包时，必须丢弃这个数据包。

（8）长度代表消息的总长度，包括 L2TP 头、PPP 分组等。该字段在数据消息中是可选的，在控制消息中则必须出现。

（9）隧道 ID 代表此次会话所属的隧道号。L2TP 的隧道由只有本地意义的标识符命名。也就是说同一隧道的每一端可以有不同的隧道 ID，在隧道建立的过程中，双方都为隧道建立一个 ID。每一条消息中的隧道 ID 都是预定接收者而不是发送者的隧道 ID。在隧道创建期间，隧道 ID 的值取 0。

（10）呼叫 ID 代表一条隧道内的一次会话的标识符。L2TP 会话由只有本地意义的标识符命名。也就是说同一个会话的每一端可能有不同的会话 ID。每一条消息中的会话 ID 都是预定接收者而不是发送者的会话 ID。在会话创建期间，会话 ID 的值为 0。

（11）Ns/Nr 这两个字段在数据消息中为可选项，在控制消息中必须出现。它们分别代表当前分组的序列号和本端希望接收的下一个分组的序列号。

（12）偏移量在数据消息中为可选项，在控制消息中不出现。当 O 位置 1 时，该字段表示紧接 L2TP 头后（从偏移量字段开始），应跳过多少字节才是用户数据。

（13）偏移填充也为可选项。填充字节必须都取 0。填充的出现主要是为了使 L2TP 头与填充字节的总长度达到一定长度的整数倍，使得在协议实现中有更高的处理效率。

2. 控制消息的类型与格式

前面已提到，控制消息用于建立、维护隧道和会话，控制消息在 LAC 和 LNS 之间进行交换。L2TP 中定义的控制消息主要分为三类：控制连接管理、呼叫管理、维护。控制消息类型如表 3.2 所示。

表 3.2　L2TP 的控制消息类型

控制消息	消息代码	消息缩写	消息全称	意义简述
控制连接管理	1	SCCRQ	Start-Control-Connection-Request	请求建立控制连接
	2	SCCRP	Start-Control-Connection-Reply	对建立控制连接的应答
	3	SCCCN	Start-Control-Connection-Connected	控制连接已建立
	4	StopCCN	Stop-Control-Connection-Notification	通知关闭控制连接
	5			保留
	6	Hello		存活性探测
呼叫管理	7	OCRQ	Outgoing-Call-Request	发起出站呼叫请求
	8	OCRP	Outgoing-Call-Reply	对出站呼叫请求的应答
	9	OCCN	Outgoing-Call-Connected	出站呼叫已建立
	10	ICRQ	Incoming-Call-Request	发起入站呼叫请求
	11	ICRP	Incoming-Call-Reply	对入站呼叫请求的应答
	12	ICCN	Incoming-Call-Connected	入站呼叫已建立
	13			保留
	14	CDN	Call-Disconnect-Notify	通知关闭呼叫

续表

控制消息	消息代码	消息缩写	消息全称	意义简述
维护	15	WEN	WAN-Error-Notify	出错通知
	16	SLI	Set-Link-Info	对 PPP 连接的配置

在 PPTP 协议中，控制消息采用了固化的构造方法，灵活性很差。L2TP 对此进行了改善，采用了属性构造的方法，能依据不同的需求灵活地构造消息，这样也有利于减轻通信的负荷。

为了在保证互操作性的同时最大限度地提高可扩展性，L2TP 使用了一种与 PPTP 不同的消息编码方式，称为 AVP。在前面的术语解释中曾简单地对它进行了说明。在 L2TP 中，控制消息是由一个 L2TP 头加上一个或多个 AVP 构成的。

L2TP 控制消息的格式如图 3.36 所示。

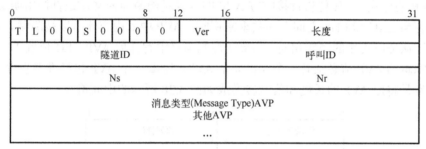

图 3.36　L2TP 控制消息格式

在控制消息中没有 O、P 位，也没有偏移量字段。T 取值为 1，表示该消息为控制消息。L2TP 头之后，都紧接着一个消息类型 AVP，用来表示此控制消息的类型。再往下还有其他 AVP，根据不同的消息类型有不同的配置。接下来的章节还有详细介绍。

3. 属性值对

每一个 AVP 都有如图 3.37 所示的编码格式。

M	H	保留	长度	厂商ID
属性类型			属性值	
属性值……				

图 3.37　AVP 格式

如图 3.37 所示，开始的 6 位是位模，描述 AVP 的一般属性。前两位已定义，其余几位留作以后扩充之用。保留位必须置 0，否则将被当作无法识别的 AVP 处理。

各字段解释如下。

（1）M：强制位。规定无法识别的 AVP 如何处理。如果 M 位置 1，当接收到无法识别的 AVP 时，与此消息相关的会话将被中断。如果此消息同整条隧道相关，则隧道将被中断。如果 M 位置 0，则无法识别的 AVP 将被忽略。

（2）H：隐藏位。其表示 AVP 中的属性值是否被隐写为密文。此字段可用来在 AVP 中传输敏感数据，如用户口令或用户 ID 等。

（3）保留：预留字段，扩展使用。

（4）长度：字段长为 10 位，表示 AVP 所包含的字节数（包括位模和长度字段）。允许的 AVP 最大长度为 1023 字节，最小长度为 6 字节。如果 AVP 仅为 6 字节，属性值域不存在。

（5）厂商 ID：字段长为 16 位。IANA 为不同软硬件厂商分配了一个网络管理专用厂家代码，这个代码值就是厂商 ID。当其取值为 0 时，表示使用 L2TP 给出的 AVP 集合，本书针对厂商 ID 取 0 的情况进行讨论。如果该字段取值为一定的厂商 ID，则 AVP 的取值由该厂商定义。使用不同的厂商 ID，可以使不同的厂商的 AVP 取值不会发生冲突。

（6）属性类型：字段长为 2 字节，表示 AVP 的类型。在后面的内容中将会给出 IETF 定义的 AVP 类型列表。如果厂商 ID 取值不为 0，那么属性类型字段将由厂商自己定义。

（7）属性值：对应属性的取值，长度随不同的属性类型而不同。

在 AVP 的格式中，H 位告诉接收方 AVP 的内容是隐藏为密文还是直接用明文传输的。但是，只有当 LAC 和 LNS 之间存在共享密钥时，AVP 中的内容才可以被隐藏。这个共享密钥和隧道认证时使用的密钥相同。如果在控制消息中有任何 AVP 的 H 位置 1，那么在第一个需要隐藏的 AVP 前必须有一个随机向量 AVP。隐藏一个 AVP 包括许多步骤。

第一步是将原 AVP 的长度和值域转换成如图 3.38 所示的中间格式。

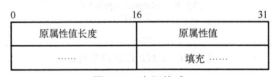

图 3.38　中间格式

原属性值长度：待隐藏的属性值的长度。

原属性值：待隐藏的属性值。

填充：随机的填充字节，用来隐藏原 AVP 值的长度。

填充并不改变属性值，只改变属性的长度。例如，原属性值有 4 字节，那么，未被隐藏时的 AVP 就有 10 字节（6+原属性值长度）。被隐藏后，AVP 的长度等于 6+原属性值长度+原属性值长度字段所占字节数+填充所占字节数。如果填充为 12 字节，那么 AVP 的长度等于 6+4+2+12=24 字节。

第二步，对以下字符串进行 MD5 散列计算：

2 字节属性类型+共享密钥+随机向量值

其中，+代表串联。随机向量值就是前面提到过的随机向量 AVP 中的值。同一随机向量 AVP 可用于同一消息中的多个待隐藏的 AVP，如果要使用不同的随机向量，就需要将随机向量 AVP 放置在使用此随机向量的第一个 AVP 之前。

上面计算出的 MD5 散列值同中间格式的前 16 字节进行异或，并将异或后的结果填入 AVP 的属性值域。如果中间格式少于 16 字节，则在异或前将它填充为 16 字节，但只有中间格式的字节数有所改变，AVP 的长度并没有改变。

如果中间格式多于 16 字节，则将对共享密钥+第一次异或的结果进行第二次散列。第二次的散列值再同中间格式中第二个 16 字节进行异或，并将结果填入 AVP 的属性值域。如果有必要，上述过程将继续执行。

设共享密钥为 S；随机向量为 RV；属性值为 AV；将属性值域划分为多个 16 字节的段，设为 $p_1,p_2,\cdots$；密文段为 $c(1),c(2),\cdots$；散列结果为 $b_1,b_2,\cdots$，则上述过程可总结如下：

$$b_1 = \mathrm{MD5}(AV + S + RV) \qquad c(1) = p_1 \text{ xor } b_1$$
$$b_2 = \mathrm{MD5}(S + c(1)) \qquad c(2) = p_2 \text{ xor } b_2$$
$$\vdots \qquad\qquad\qquad \vdots$$
$$b_i = \mathrm{MD5}(S + c(i-1)) \qquad c(i) = p_i \text{ xor } b_i$$

最后将填入待隐藏 AVP 属性值字段的是 $c(1)+c(2)+\cdots+c(i)$。

接收方从隐藏的 AVP 前面的随机向量 AVP 中取出随机向量值，再实施以上过程的逆过程，就能得出原 AVP 值。

值得注意的是，并不是所有的属性值都可以被隐藏，例如，消息类型 AVP、随机向量 AVP 等是不能被隐藏的，也就是说，这些 AVP 的 H 位不能置 1。关于隧道和会话建立的报错信息中的 AVP 也不能被隐藏。

以下将介绍 IETF 定义的所有 AVP，如果将它们按功能划分，可以分为六大类：

（1）适用于所有控制消息的 AVP。

（2）适用于报告结果和错误代码的 AVP。

（3）适用于控制连接的管理的 AVP。

（4）适用于呼叫管理的 AVP。

（5）适用于认证的 AVP。

（6）适用于显示呼叫状态的 AVP。

下面就分别介绍各类 AVP。

1）适用于所有控制消息的 AVP

适用于所有控制消息的 AVP 只有两个，如表 3.3 所示，它们的强制位 M 必须为 1，隐藏位 H 必须为 0。

表 3.3　适用于所有控制消息的 AVP

属性值	属性名称	M 位	H 位	使用范围	简要描述
1	Message Type	1	0	所有消息	给出消息类型
36	Random Vector	1	0	所有消息	用来隐藏 AVP 值的随机向量

注意：如果 M 位、H 位的值为确定的 0 或 1，则表示该位必须取 0 或 1；如果值为 0/1，则表示既可取 0 又可取 1。

2）适用于报告结果和错误代码的 AVP

适用于报告结果和错误代码的 AVP 只有一种，只在 CDN 和 StopCCN 两种消息中出现，AVP 类型如表 3.4 所示。

表 3.4　适用于报告结果和错误代码的 AVP

属性值	属性名称	M 位	H 位	使用范围	简要描述
1	Result Code	1	0	CDN,StopCCN	给出关闭连接的原因

Result Code AVP 的格式如图 3.39 所示。

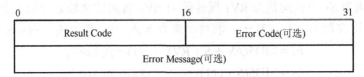

图 3.39　Result Code AVP 的格式

其中，Result Code 项占 2 字节。后两项为可选项，Error Code 占 2 字节，而 Error Message 无固定长度。对于 Result Code 和 Error Code，IETF 在 RFC 2661 中给出具体的定义，这里不再一一列出。

3）适用于控制连接管理的 AVP

适用于控制连接的管理的 AVP 如表 3.5 所示。

表 3.5　适用于控制连接的管理的 AVP

属性值	属性名称	M 位	H 位	使用范围	简要描述
2	Protocol Version	1	0	SCCRP,SCCRQ	协议版本
3	Framing Capabilityies	1	0/1	SCCRP,SCCRQ	物理接口支持的成帧性能（异步、同步）
4	Bearer Capabilities	1	0/1	SCCRP,SCCRQ	物体接口支持的载体能力（模拟、数字）
5	Tie Breaker	0	0	SCCRQ	当发生连接碰撞时，用以决定关闭 LAC 或 LNS 的连接请求
6	Firmware Revision	0	0/1	SCCRP,SCCRQ	厂商的固件版本号
7	Host Name	1	0/1	SCCRP,SCCRQ	消息发送方的 DNS 名
8	Vendor Name	0	0/1	SCCRP,SCCRQ	厂商名
9	Assigned Tunnel ID	1	0/1	SCCRP,SCCRQ StopCCN	发送方为隧道分配的 ID
10	Receive Window Size	1	0	SCCRP,SCCRQ	发送方为对方呼叫提供的分组接收窗口尺寸
11	Callenge	1	0/1	SCCRP,SCCRQ	发送方发送给对方的 CHAP 质询
13	Callenge Response	1	0/1	SCCCN,SCCRP	对 CHAP 质询的应答

4）适用于呼叫管理的 AVP

适用于呼叫管理的 AVP 如表 3.6 所示。

表 3.6　适用于呼叫管理的 AVP

属性值	属性名称	M 位	H 位	使用范围	简要描述
12	Q.931 Cause Code	1	0	CDN	附加的关闭连接的原因
14	Assigned Session ID	1	0/1	CDN,ICRP,ICRQ OCRP,OCRQ	发送方为会话分配的标识符，用于隧道的分用与复用
15	Call Serial Number	1	0/1	ICRQ,OCRQ	发送方为会话分配的序列号，用于隧道的管理
16	Minimum BPS	1	0/1	OCRQ	可接受的最小线速度
17	Maximum BPS	1	0/1	OCRQ	可接受的最大线速度
18	Bearer Type	1	0/1	ICRQ,OCRQ	呼叫使用的载体类型（模拟信道或数字信道）
19	Framing Type	1	0/1	ICCN,OCCN,OCRQ	呼叫的成帧类型（异步或同步）
21	Called Number	1	0/1	ICRQ,OCRQ	待拨或即将拨向的号码

续表

属性值	属性名称	M 位	H 位	使用范围	简要描述
22	Calling Number	1	0/1	ICRQ	呼叫者的电话号码
23	Sub-Address	1	0/1	ICRQ,OCRQ	附加的呼叫地址信息
24	(TX)Connect Speed	1	0/1	ICRQ,OCRQ	LAC 到远程用户的 PPP 连接的实际传输线速度
25	Physical Channel ID	0	0/1	ICRQ,OCRQ	LAC 为呼叫分配的物理信道
37	Private Group ID	0	0/1	ICCN	LAC 用以显示呼叫属的私有用户组信息
38	RX Connect Speed	0	0/1	ICCN,OCCN	表示远程用户向 LAC 的上传速度
39	Sequencing Required	1	0	ICCN,OCCN	LAC 通过此 AVP 告诉 LNS 必须在数字信道中使用序列号

5）适用于认证的 AVP

适用于认证的 AVP 如表 3.7 所示。

表 3.7　适用于认证的 AVP

属性值	属性名称	M 位	H 位	使用范围	简要描述
26	Initial Received LCP CONFREQ	0	0/1	ICCN	接收来自远程用户的初始 LCP 请求配置信息
27	Last Sent LCP	0	0/1	ICCN	LAC 发向远程用户的最后一个 LCP 请求配置信息
28	Last Received LCP CONFREQ	0	0/1	ICCN	接收来自远程用户的最后一个 LCP 请求配置信息
29	Proxy Authen Type	0	0/1	ICCN	代理客户鉴别协议类型
30	Proxy Authen Name	0	0/1	ICCN	远程用户鉴别应答中使用的名称
31	Proxy Authen Challenge	0	0/1	ICCN	LAC 发向远程用户的质询信息
32	Proxy Authen ID	0	0/1	ICCN	鉴别协议中的质询 ID
33	Proxy Authen Response	0	0/1	ICCN	来自客户端的质询应答

在 L2TP 协议中，LAC 将代理远程用户同 LNS 进行身份认证，这一类 AVP 是用来交换认证信息的。

在 Proxy Authen Type AVP 中定义了以下几种认证类型。

0：保留。

1：用明文的用户名/口令进行交换。

2：PPP CHAP 认证。

3：PPP PAP 认证。

4：无认证。

5：Microsoft CHAP Version 1 (MSCHAPv1)。

6）适用于显示呼叫状态的 AVP

适用于显示呼叫状态的 AVP 如表 3.8 所示。

表 3.8　适用于显示呼叫状态的 AVP

属性值	属性名称	M 位	H 位	使用范围	简要描述
34	Call Errors	1	0/1	WEN	连接错误计数器
35	ACCM	1	0/1	SLI	LNS 通知 LAC 发送与接收的 ACCM 值

Call Errors AVP 是 LAC 用于向 LNS 报告错误信息的，该 AVP 中包含许多错误计数器。ACCM AVP 是 LNS 用来告诉 LAC 在发送 HDLC 帧时应如何添加透明位、接收帧时又应该如何去掉透明位等的。这两个 AVP 均是用来进行会话维护的。

4. 控制连接

在 LAC 与 LNS 建立会话之前，必须先建立控制连接。本节将介绍控制连接的建立、维护和关闭。

1）控制连接的建立

控制连接的建立是一个三次握手的过程。LAC 和 LNS 都可以作为控制连接建立的发起者和设应答者。其消息序列如图 3.40 所示。

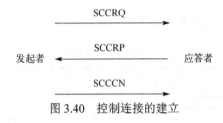

图 3.40　控制连接的建立

注意，该消息序列同 PPTP 建立控制连接时有所不同，在 L2TP 中，不需要有建立 TCP 连接的过程。因为 L2TP 使用的是面向分组的连接，在 IP 网络中，L2TP 封装分组是通过 UDP 数据报文方式进行传送的。

在 SCCRQ、SCCRP 消息中，包括建立控制连接所需要的各种信息的 AVP，如 Protocol Version AVP、Framing Capabilities AVP、Bearer Capabilities AVP 等。控制连接的发起者还要为隧道分配一个 ID，应答者一旦接受了请求，也要为此隧道分配一个 ID。发起者和应答者的隧道 ID 是各自分配的，每一个隧道 ID 都唯一地标识隧道。在 L2TP 中，可以为同一个 LAC-LNS 对建立多条隧道，用来区分不同的服务质量。在双方分配隧道 ID 之前，所有分组的 L2TP 头中的隧道 ID 字段都应取 0。而分配了隧道 ID 之后，L2TP 分组头部的隧道 ID 字段都应填入对端的隧道 ID。

在控制连接的建立过程中，还可选择性地进行身份认证。L2TP 协议中包含一种简单、类似 CHAP 的隧道认证系统。如果 LAC 或 LNS 希望认证对方的身份，在 SCCRQ 或 SCCRP 消息中将包含 Challenge AVP。如果通信的一方收到的 SCCRQ 或 SCCRP 消息中将包含 Challenge AVP，则接下来发出的 SCCRP 或 SCCCN 消息中将包含 Challenge Response AVP。如果收到的应答不匹配，隧道的建立将不被允许。为了实现隧道的认证，LAC-LNS 对之间必须有一个共享密钥。同样的密钥也用于 AVP 的隐藏。

在 SCCRQ 消息中，还有一个可选的 Tie Breaker AVP，它的出现说明在 LAC-LNS 对之间只需建立一条隧道，而它的属性值就是用来解决隧道建立的碰撞问题的。因为 LAC 和 LNS 都可以作为隧道建立的发起者，如果只建立一条隧道，就有可能产生冲突的情况。例如，当 LAC 在发出 SCCRQ 消息之后而又未接收到对方发来的 SCCRP 消息之前，收到了来自 LNS 的 SCCRQ 消息。在这种情况下，由双方的 Tie Breaker AVP 来决定应保留哪一方的隧道建立请求。SCCRQ 消息的接收方应查看是否已向对方发送 SCCRQ 消息，如果没有，则未产生碰撞；如果有，则比较双方 SCCRQ 消息中 Tie Breaker AVP 的属性值，属性值小的 SCCRQ 消息将被保留，而大的将被丢弃。如果双方的 Tie Breaker AVP 的属性值相等，则应终止隧道的建立，等待重新发起建立请求。如果只有一方的 SCCRQ 消息中没有 Tie Breaker AVP，则发生碰撞时这一方的 SCCRQ 消息将得到保留；如果双方都没有 Tie Breaker AVP，则双方的 SCCRQ 消息都得到保留，分别建立两条隧道。关于如何生成 Tie Breaker AVP 的值，L2TP 并没有做出规定，但建议使用 LAN 的 MAC 地址，或者取 64 位的随机数。

2）隧道的维护

目前，L2TP 对隧道的维护是采用 Hello 消息探测隧道是否存活。Hello 消息很简单，只包括一个 L2TP 控制消息头和一个消息 AVP。

L2TP 协议规定，Hello 消息的发送频率不能超过 1 分钟一次，而且只有在该隧道没有收到任何信息的情况下才可以发送。当接收方收到 Hello 消息后，应立刻对它进行确认。如果发送方在一定时间内还没有接收到对方的确认，则可在一定时间之后进行重发。如果重发一定次数还没有接收到确认，则关闭隧道。

3）隧道的关闭

许多原因可以导致隧道的关闭，如系统管理方面的原因、资源不足、鉴别失败、远程用户的挂断等。已建立的隧道和正在建立的隧道都可以被关闭。LAC 和 LNS 都可以作为关闭隧道的发起者。当一方将要关闭隧道时，应给另一方发送一个 StopCCN 消息，并清除本端被关闭隧道的状态量。

收到 StopCCN 消息的一方应发送 ZLB 消息（Zero-Length-Body，零长度消息），表示已接收到对方发来的 StopCCN 消息，之后将等待一个重发周期的时间，以防止如 ZLB 消息丢失等情况造成的对方重发 StopCCN 消息。然后清除本端被关闭隧道的状态量。

隧道的关闭也包括关闭该隧道上的所有会话。

5．L2TP 呼叫

在控制连接建立之后，就可以进行会话建立的协商、维护和管理了。与控制连接的建立不同，会话的建立具有方向性，根据发起者的不同，分为出站呼叫的建立和入站呼叫的建立，下面分别进行介绍。

1）出站呼叫的建立

当总部主机希望同远程用户进行通信时，LNS 就要向用户所在的 LAC 发起出站呼叫。出站呼叫需要进行三次消息交换，过程如图 3.41 所示。

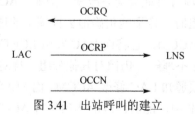

图 3.41 出站呼叫的建立

LNS 首先应向 LAC 发出 OCRQ 消息，该消息包括一些建立会话所需的参数，比如最大/最小线速度、载体类型、成帧能力等 AVP。LAC 收到此请求后，根据 OCRQ 提供的信息和本地的通信负荷来决定是否接受请求。如果接受请求，则发出 OCRP 消息作为应答。在 OCRQ 和 OCRP 消息中，都有 Assigned Session ID AVP，表示本端为此会话分配的 ID。在会话 ID 确定之后，所有的 L2TP 分组头的会话 ID 字段都应填入对方的会话 ID 值。会话 ID 是用于对隧道进行复用和分用的。复用是指同一隧道中包含多个呼叫；分用则是指将使用同一隧道不同会话的分组区分出来。

若 LNS 接收到 LAC 发来的 OCRP 消息，表示 LAC 正在同远程用户进行连接。只有收到 OCCN 消息后，才表示会话已经建立。

2）入站呼叫的建立

远程用户向总部发起访问请求时，就必须建立入站呼叫。在实际应用中，入站呼叫所建立的会话占大多数。入站呼叫的建立也是一个三次握手过程，过程如图 3.42 所示。

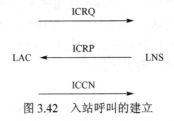

图 3.42　入站呼叫的建立

首先 LAC 向 LNS 发送 ICRQ 消息，该消息中包括建立会话的各种参数信息。收到此消息后，LNS 根据本地资源情况及各参数信息，决定是否接受此请求，如果接受，则发送 ICRP 消息作为响应。在收到 ICRP 消息后，LAC 向 LNS 发回 ICCN 消息表示完成入站呼叫。

3）会话的维护

在 L2TP 协议中，有两个控制消息是用于对会话进行维护的，它们是 WEN 和 SLI。

（1）WEN（WAN-Error-Notify）消息。

WEN 消息是 LAC 向 LNS 发送的，报告本地会话处理过程中出现错误的统计情况。这条消息由 L2TP 控制消息头、消息类型 AVP 和 Call Errors AVP 组成。Call Errors AVP 中包括了自会话建立以来的各种错误的统计值，如 LAC 物理接口上探测到的 CRC 错误的帧数、硬件超限数、缓冲区溢出次数、超时发生次数、帧对齐错误等。

同 Hello 消息一样，WEN 发送的频率也不能超过 1 分钟一次，并且只能在有错误发生时才允许发送。

（2）SLI（Set-Link-Information）消息。

SLI 消息是由 LNS 发往 LAC 进行 PPP 协商的。当 LNS 同远程用户之间的 PPP 连接建立之后，已协商好的 LCP 选项有可能会动态改变。例如，ACCM 改变了，如果 LAC 不能同步修改，则它在接收到分组时，将不能正确地去掉帧中的透明位，也就无法正常地进行通信。如果远程用户修改了 ACCM，它将向 LAC 发出 LCP CONFREQ 请求修改 ACCM。但 LCP 对 LCP CONFREQ 并不理解，仍像对其他分组一样对它进行封装并发送给 LNS。LNS 收到这个分组后，就必须通知 LAC 修改 ACCM，而 SLI 消息就是 LNS 用来通知 LAC 修改 ACCM 的。目前的 L2TP 中，能够修改的选项只有 ACCM。

4）会话的关闭

有许多原因导致会话的关闭，如管理原因、用户挂断或线路问题等。LAC 和 LNS 都可以作为会话关闭的发起者。例如，当用户希望终止会话时，它使用 PPP Terminate-Request 消息通知 LAC。LAC 并不理解此消息，而是像对其他分组一样将它封装后发送给 LNS。LNS 接收到此消息后，知道用户将要关闭会话，就发送 CDN 通知 LAC，并清除本地与该会话有关的状态量；LAC 接收到 CDN 后，也清除相应的状态量，之后会话终止。

3.4.5　L2TP 协议的安全性分析

L2TP 支持多种协议，提供了差错和流量控制，它使用 UDP 封装和传送 PPP 帧，面向非连接的 UDP 无法保证网络数据传输的可靠性，L2TP 通过使用下一个希望收到的消息序列号和当前发送的数据包序列号来控制流量与差错，数据一旦丢失可以进行重发。L2TP 提供了安全的身份验证机制，与 PPP 类似，L2TP 可以对隧道端进行验证。

虽然 L2TP 能够提供效费比较高的远程访问，能够支持多种传输协议和远程局域网访问，但它没有提供健壮的安全保护措施。L2TP 仅仅对隧道的终端实体进行身份认证，而不是认证隧道中流过的每个数据报文。这样的隧道无法抵抗插入攻击和地址欺骗攻击。由于没有针对每个数据报文的完整性校验，其就有可能受到拒绝服务攻击，即攻击者发送一些假冒的控制信息，导致 L2TP 隧道或底层的 PPP 连接的关闭。L2TP 本身不提供任何数据加密手段，当数据需要保密时，就暴露了它的不足。虽然 PPP 数据报文可以加密，但 PPP 协议不支持密钥的自动产生和自动刷新。这样进行监听的攻击者就可能最终破解密钥，从而得到所传输的数据。

3.4.6　L2TP 与 IPsec 结合

由于 L2TP 能够支持多协议，但没有提供安全机制，而 IPsec 协议能够提供较好的安全机制，但不能满足用户多协议的要求，因此，L2TP＋IPsec 成了似乎完美的结合，它不仅利用了 L2TP 的封装机制，而且对数据分组提供了安全保护，并解决了 IPsec 只支持 IP 协议的问题，保证了多协议数据包在隧道中传送的安全性，L2TP 与 IPsec 结合示意图如图 3.43 所示。

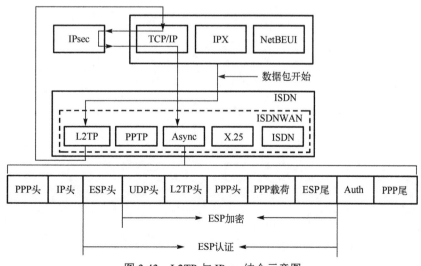

图 3.43　L2TP 与 IPsec 结合示意图

　　以 ESP 传输模式封装为例。IPsec 和 L2TP 在 LAC 和 LNS 上实现。当 LAC 接收到数据包后，首先判断是否提供虚拟拨号服务，确认提供虚拟拨号服务后，进行 L2TP 协议的封装以及 UDP、IP 封装，然后将数据包交给 TCP/IP 协议栈，判别是否对该数据包进行 IPsec 处理，确认进行 IPsec 处理后，查询 SA，并对该数据包进行 IPsec 封装处理，最后交给路由转发出去。

第4章 IPsec VPN 技术

4.1 IPsec VPN 的产生背景

人们很早就开始关注 TCP/IP 协议簇的安全性问题了，因为最初设计 TCP/IP 协议簇（如目前广泛流行的 IPv4）时，人们并没有重点考虑它的安全性问题（不包括后来制定的 IPv6）。1994 年 IETF 发布了《关于 Internet 体系结构的安全性》（RFC 1636），明确提出了对 Internet 安全的一些关键领域的设想和建议。以 IPv4 为代表的 TCP/IP 协议簇存在的安全脆弱性概括起来主要有四点。

（1）IP 协议没有为通信提供良好的数据源认证机制。仅采用基于 IP 地址的身份认证机制，用户通过简单的 IP 地址伪造就可以冒充他人，即对于在 IP 网络上传输的数据，其声称的发送者可能不是真正的发送者。因此，需要为 IP 层通信提供数据源认证机制。

（2）IP 协议没有为数据提供强的完整性保护机制。虽然通过 IP 头的校验和为 IP 分组提供了一定程度的完整性保护，但这对蓄意攻击者远远不够，它可以在修改分组以后重新计算校验和。因此，需要在 IP 层为分组提供一种强的完整性保护机制。

（3）IP 协议没有为数据提供任何形式的机密性保护。网络上的任何信息都以明文传输，无任何机密可言，这已成为电子商务等应用的瓶颈问题。因此，对 IP 网络的通信数据的机密性保护势在必行。

（4）协议本身的设计存在一些细节上的缺陷和实现上的安全漏洞，使各种安全攻击有机可乘。

IPsec 正是为了弥补 TCP/IP 协议簇的安全缺陷，为 IP 层及其上层协议提供保护而设计的网络层的安全隧道协议。它是由 IETF IPsec 工作组于 1998 年制定的一组基于密码学的安全的开放网络安全协议，全称为 IP 安全（IP Security）体系结构。IPsec 协议是目前公认的基于密码学的较为安全的安全通信协议，它是构建 IPsec VPN 的基础协议。它工作在 IP 层，提供访问控制、无连接的完整性、数据源认证、机密性、有限的数据流机密性，以及防重放攻击等安全服务。

4.2 IPsec VPN 协议体系

RFC 2401 给出了 IPsec VPN 协议体系，系统地描述了 IPsec VPN 协议的组成、工作原理、系统组件以及各组件是如何协同工作以提供上述安全服务的。

4.2.1 IPsec 体系结构

IPsec 主要由认证头（Authentication Header，AH）协议、封装安全负载（Encapsulation

Security Payload，ESP）协议以及负责密钥管理的互联网密钥交换（Internet Key Exchange，IKE）协议组成，各协议之间的关系如图 4.1 所示。

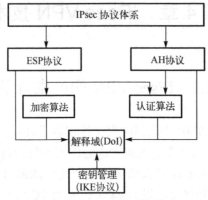

图 4.1　IPsec 体系结构

（1）IPsec 协议体系。它包含了概念、安全需求、定义 IPsec 的技术机制。

（2）AH 协议。它是 IPsec 的主要传输协议，提供访问控制、数据源认证、无连接完整性保护和防重放攻击等功能。

（3）ESP 协议。它不仅提供访问控制、数据源认证、无连接完整性保护和防重放攻击等功能，还具有机密性保护和有限的流机密性保护功能。

（4）解释域。为了 IPsec 通信两端能相互交互，通信双方应该理解 AH 协议和 ESP 协议载荷中各字段的取值，因此通信双方必须保持对通信消息相同的解释规则，即应持有相同的解释域（Interpretation of Domain，DoI）。IPsec 至少已给出了两个解释域：IPsec DoI、ISAKMP DoI，它们各有不同的使用范围。解释域定义了协议用来确定安全服务的信息、通信双方必须支持的安全策略、规定所提议的安全服务时采用的句法、命名相关安全服务信息时的方案，包括加密算法、密钥交换算法、安全策略特性和认证算法等。

（5）加密算法和认证算法。ESP 协议涉及这两种算法，AH 协议仅涉及认证算法。加密算法和认证算法在协商过程中，通过使用共同的 DoI，具有相同的解释规则。ESP 协议与 AH 协议所使用的各种加密算法和认证算法由一系列 RFC 文档规定，而且随着密码技术的发展，不断有新的加密算法和认证算法可以用于 IPsec，有关 IPsec 中加密算法和认证算法的文档也在不断增加与发展。

（6）密钥管理。IPsec 密钥管理主要由 IKE 协议完成。准确地讲，IKE 用于动态建立安全关联及提供所需要的经过认证的密钥材料。IKE 的基础是 ISAKMP（Internet Security Association and Key Management Protocol）、Oakley 和 SKEME 等三个协议，它沿用了 ISAKMP 的基础、Oakley 的模式以及 SKEME 的共享和密钥更新技术。需要强调的是，虽然 ISAKMP 称为 Internet 安全关联和密钥管理协议，但它定义的是一个管理框架。ISAKMP 定义了双方如何沟通，以及如何构建彼此间的沟通信息，还定义了保障通信安全所需要的状态变换。ISAKMP 提供了对对方进行身份认证的方法、密钥交换时交换信息的方法，以及对安全服务进行协商的方法。

（7）策略。其决定两个实体之间能否通信，以及如何通信。IETF 专门成立了 IPSP（IP 安全策略）工作组，负责策略的标准化工作。

4.2.2　安全关联

安全关联（Security Association，SA）是 IPsec 的基础。AH 协议和 ESP 协议均使用 SA 进行隧道封装处理，IKE 协议的一个主要目标就是动态建立 SA。

SA 是指通信对等方之间为了给需要受保护的数据流提供安全服务而对某些要素的一种协定，如 IPsec 协议（AH 或 ESP）、协议的操作模式（传输模式或隧道模式）、密码算法、密钥、用于保护它们之间数据流的密钥的生存期。SA 结构如图 4.2 所示。

隧道源IP	隧道目标IP	隧道协议	工作模式	SPI	SA 密码参数			
					密钥	算法 ID	生存期	…
25.0.0.76	66.168.0.88	ESP	传输	135	*****	***	****	…

图 4.2　SA 结构

SA 具有以下特点。

（1）SA 的单向性。

IPsec SA 是指使用 IPsec 协议保护一个数据流时建立的 SA，在 IPsec 协议规范中规定 SA 为单向的。如图 4.3 所示。U->S 访问时，VPN 安全网关 SG1 对 U 外出的数据流采用 SA1 进行保护，即 SG1 上的外出 SA；当该数据流到达 VPN 安全网关 SG2 时，SG2 采用 SA2（即 SG2 的进入 SA）对该数据流进行解密、认证与解封装处理；显而易见，SA1 和 SA2 应该相等，这样才能确保加解密的一致性。相应地，S->U 响应时，SG2 采用 SA3 保护外出数据流，即 SG2 的外出 SA；当数据流到达 SG1 时，SG1 采用 SA4 对数据流进行解密、认证与解封装，同样 SA3 和 SA4 相等。由于 IPsec SA 是单向的，因此 SA1=SA2≠SA3=SA4，即在同一方向上的 SA 是一致的。

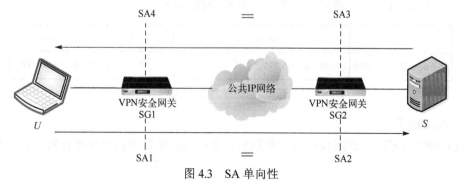

图 4.3　SA 单向性

（2）SA 的生存期。

SA 具有生存期，生存期可指时间间隔，也可指 IPsec 协议利用该 SA 来处理的数据量的大小。当一个 SA 的生存期过期时，要么终止并从 SAD 中删除该 SA，要么用一个新的 SA 来替换该 SA。

（3）SA 用<安全参数索引，目标 IP 地址，安全协议（AH 或 ESP）>的三元组唯一标识。

原则上，IP 地址可以是一个单播地址、IP 广播地址或组播地址，但是目前 IPsec SA 管理机制只定义了单播 SA，因此，本书中讨论的 SA 都指点到点的通信。SPI 是为了唯一标识 SA 而生成的一个整数，包含在 AH 协议头和 ESP 协议头中传输。因此，IPsec 数据包的接收方很容易识别出 SPI，组合成三元组来搜索 SAD，以确定与该数据报相关联的 SA 或 SA 集束。

SA 集束：一个 SA 不能同时对 IP 数据报提供 AH 和 ESP 保护，如果需要提供多种安全保护，就需要使用多个 SA。当把一系列 SA 应用于 IP 数据报时，称这些 SA 为 SA 集束。SA 集束中各个 SA 应用于始自或者到达特定主机的数据。多个 SA 可以用传输邻接和嵌套隧道两种方式联合起来组成 SA 集束。

SA 的两种类型：传输模式 SA 和隧道模式 SA。定义用于 AH 或 ESP 的隧道操作模式的 SA 为隧道模式 SA，而定义用于传输操作模式的 SA 为传输模式 SA。传输模式 SA 是两台主机之间的安全关联；隧道模式 SA 主要应用于 IP 隧道，当通信的任何一方是安全网关时，SA 必须是隧道模式，因此两个安全网关之间、一台主机和一个安全网关之间的 SA 总是隧道模式。综上，主机既支持传输模式 SA，也支持隧道模式 SA；安全网关要求只支持隧道模式 SA，但是当安全网关以主机的身份参与以该网关为目的地的通信时，也允许使用传输模式 SA。

4.2.3　安全策略

在 IPsec 协议中，安全策略是指 VPN 成员能够干什么，或者说 VPN 成员之间是否具有通信关系的约束规则。安全策略通常包括条件和动作，条件包括数据包中的源地址、目标地址、源掩码、目标掩码协议及端口号等信息，动作主要包括 ACCEPT（直接绕过）、DENY（丢弃）、应用安全服务等三类。其结构如图 4.4 所示。

源地址/源掩码	目标地址/目标掩码	协议	端口号	策略（动作）
25.0.0.76/255.255.255.0	66.168.0.88/255.255.255.0	*	*	ACCEPT/DENY/VPN

图 4.4　安全策略结构

1）ACCEPT

ACCEPT 表示不对数据包应用安全服务，通过路由将数据包直接进行转发，不进行任何处理。

2）DENY

DENY 表示不让数据包进入或离开，直接丢弃数据包。

3）应用安全服务

应用安全服务即 VPN 策略，对过往的数据包进行 VPN 安全处理。

4.3　IPsec VPN 工作模式

IPsec 协议（AH 和 ESP）支持传输模式和隧道模式。AH 头和 ESP 头在传输模式和隧道模式中不会发生变化，两种模式的区别在于它们保护的数据不同，一个是 IP 数据包，另一个是 IP 数据包的有效载荷。

1）传输模式

传输模式中，AH 和 ESP 保护的是 IP 数据包的有效载荷，或者说是上层协议，如图 4.5 所示。在这种模式中，AH 和 ESP 会拦截从传输层到网络层的数据包，使其流入 IPsec 组件，由 IPsec 组件增加 AH 头或 ESP 头，或者两个头都增加，随后，调用网络层的一部分，给其增加网络层的头。传输模式适用于端对端的应用场景，如两颗移动的卫星之间、手机之间、笔记本电脑之间。

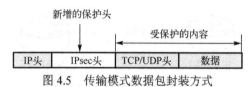

图 4.5　传输模式数据包封装方式

下面看一个传输模式的典型应用，如图 4.6 所示。如果要求主机 A 和主机 B 之间流通的所有传输层数据包都要加密，则可选择采用 ESP 的传输模式；如果只需要对传输层的数据包进行认证，也可以使用 AH 的传输模式。这种模式中，IPsec 模块安装于 A、B 两个端主机上，对主机 A 与主机 B 之间的数据进行安全保护。

图 4.6　传输模式的应用场合

这种模式具有以下优点：一是即使是内网中的其他用户，也不能理解在主机 A 和主机 B 之间传输的数据的内容；二是各主机分担了 IPsec 处理负荷，避免了 IPsec 处理的瓶颈问题。

这种模式的缺点包括以下几个方面：一是内网中的各个主机只能使用公有 IP 地址，而不能使用私有 IP 地址，这样才能在公网上进行路由与传输；二是由于每一个需要实现传输模式的主机都必须安装并实现 IPsec 协议，因此对端用户的实现难度加大；三是用户为了获得 IPsec 提供的安全服务，必须消耗内存、花费主机的处理时间；四是暴露了子网内部的拓扑结构，没有实现流机密性保护。

2）隧道模式

隧道模式中，AH 和 ESP 保护的是整个 IP 数据包，如图 4.7 所示。隧道模式首先为原始的 IP 数据包增加一个 IPsec 头，然后在外部增加一个新的 IP 头，所以 IPsec 隧道模式的数据包有两个 IP 头——内部头和外部头。其中，内部头由主机创建，而外部头由提供安全服务的安全设备添加。原始 IP 数据包通过隧道从 IP 网络的一端传递到另一端，沿途的路由器只检查最外面的 IP 头。隧道模式适用于子网之间、端与子网之间的互联场景，如移动终端远程接入内部网络之中、公司总部与分支机构之间互联等。

图 4.7　隧道模式数据包封装方式

当被保护的对象为一个子网时，子网中的成员可以透明地享受安全网关的保护服务，此时需要采用隧道模式。图 4.8 示例了隧道模式的一个典型应用。

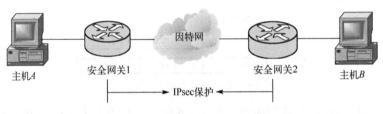

图 4.8　隧道模式的应用场合

隧道模式中，IPsec 处理模块安装于安全网关 1 和安全网关 2 上，由它们来实现 IPsec 处理，此时位于这两个安全网关之后的子网被认为是内部可信的，称为相应网关的保护子网。保护子网内部的通信都是明文的形式，但当两个子网之间的数据包经过网关 1 和网关 2 之间的因特网时，将受到 IPsec 机制的安全保护，主机 A 与主机 B 分别是通信的起点与终点，安全网关 1 与安全网关 2 分别是隧道的起点与终点。

这种模式有以下优点：一是保护子网内的所有用户都可以透明地享受安全网关提供的安全保护服务；在传输中隐藏了子网内部的拓扑结构，保证了流机密性；子网内部的各个主机可以使用私有的 IP 地址，而无需公有的 IP 地址，实现了"化公为私"。

这种模式有以下缺点：一是因为子网内部通信都以明文的方式进行，所以无法控制内部发生的安全问题；二是 IPsec 主要集中在安全网关，增加了安全网关的处理负担，容易造成通信瓶颈。

传输模式下，通信终点和加密终点是一样的，都是 IP 头中"目标地址"字段所指定的地址。隧道模式下，通信终点是由受保护的内部 IP 头指定的地址，而加密终点则是由外部 IP 头指定的地址，这两个地址通常是不一样的，即使第三方在不安全的信道上得到该数据包，因为不知道双方通信的共享密钥，也无法知道通信的最终地址。

隧道模式下 IPsec 还支持嵌套隧道，因为增加了新的 IP 头，所以在某些场合还可支持非 IP 协议，如 IPX 或 OSI。当然，流于 IPsec 的数据包不仅可以来自 IP 层，还可以来自数据链路层，而此时实施 IPsec 的主机或路由起到了安全网关的作用。

4.4　IPsec VPN 安全隧道协议

4.4.1　AH 协议

1. AH 头格式

AH 设计的主要目的是增强 IP 数据报文的完整性校验。该协议提供认证、抗重放攻击等功能。AH 头主要由 5 个固定长度字段和 1 个变长字段组成，其结构图如图 4.9 所示。

下一个头	载荷长度	保留
安全参数索引		
序列号		
认证数据		

图 4.9　AH 头结构

AH 头结构中的关键字段的含义如下。

（1）下一个头（Next Header）：8 比特，标识 AH 头后下一个载荷的类型。

（2）载荷长度（Payload Length）：8 比特，表示以 32 比特为单位的 AH 头的长度减 2。

（3）保留（Reserved）：16 比特，供将来使用。AH 规范 RFC 2402 规定这个字段应被置为 0。

（4）安全参数索引（Security Parameters Index，SPI）：一个 32 比特的整数值。其中 0 被保留，1~255 被 IANA 留作将来使用，所以目前有效的 SPI 值为 256~65535，SPI 和外部头的目标地址、AH 协议一起用以唯一标识对数据包进行 AH 保护的安全关联。

（5）序列号（Sequence Number）：一个单调增加的 32 比特无符号整数计数值，主要作用是提供防重放攻击服务。

（6）认证数据（Authentication Data）：变长字段，是数据包的认证数据，通常被称为完整性校验值（ICV）。

2. AH 协议封装方式

AH 既可以工作在传输模式下，也可以工作在隧道模式下。AH 传输模式保护的是端到端的通信，通信终点必须是 IPsec 终点。AH 头处于原始 IP 头之后、TCP/UDP 头之前，认证范围包括 IP 协议的头部及其所有数据部分。传输模式下 AH 协议封装方式如图 4.10 所示。

图 4.10　传输模式下 AH 协议封装方式

隧道模式中，AH 工作在原始 IP 头之前，并重新生成一个新的 IP 头放在 AH 头之前。认证范围包括新的 IP 头及其所有数据部分，隧道模式下 AH 协议封装方式如图 4.11 所示。

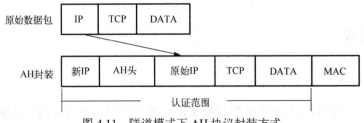

图 4.11 隧道模式下 AH 协议封装方式

无论传输模式还是隧道模式，AH 协议所认证的是除了变长字段的整个新的 IP 数据报文。

4.4.2 ESP 协议

1. ESP 协议格式

设计 ESP 协议的主要目的是提高 IP 数据报的安全性。ESP 的作用是提供机密性、有限的流机密性、无连接的完整性、数据源认证和防重放攻击等安全服务，和 AH 一样，通过 ESP 的进入和外出处理还可提供访问控制服务。

ESP 数据包由 4 个固定长度的字段和 3 个变长字段组成，图 4.12 为数据 ESP 协议格式示意图。

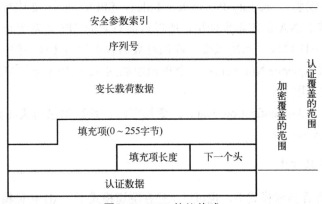

图 4.12 ESP 协议格式

ESP 协议格式中的关键字段的含义如下。

（1）安全参数索引：32 比特的整数，它和 IP 头的目标地址、ESP 协议一起用以唯一标识对数据包进行 ESP 保护的安全关联。

（2）序列号：32 比特的单调增加的无符号整数。同 AH 协议一样，序列号的主要作用是提供防重放攻击服务。

（3）变长载荷数据：变长字段，所包含的是由"下一个头"字段所指示的数据（如整个 IP 数据报文、上层协议 TCP 或 UDP 数据报文等）。如果使用机密性服务，该字段就包含所要保护的实际载荷，即数据报文中需要加密的数据，然后和填充项、填充项长度、下一个头等一起被加密。如果采用的加密算法需要初始化向量（IV），则它也将被设计在 ESP 头中进行传输，并由算法确定 IV 的长度和位置。

（4）填充项：0～255 字节。填充项主要用于确保数据加密长度的字节数为 16 的倍数，同时也可用于数据载荷真实长度的隐藏，以达到防止流量分析的目的。填充项通常填充一些有规律的数据，如 1,2,3,…。在接收端收到数据包时，解密以后该字段还可用以检验解密是否成功。

（5）填充项长度：8 比特，表明"填充项"字段中填充数据的长度。

（6）下一个头：8 比特，指示载荷中封装的数据类型。

（7）认证数据：变长字段，存放的是数据报的完整性校验值（ICV），它是对除本"认证数据"字段以外的 ESP 数据包进行认证算法计算而获得的。这个字段的实际长度取决于采用的认证算法。

2. ESP 协议封装方式

ESP 协议同样可以工作在传输模式与隧道模式下。传输模式下，ESP 头工作在原始的 IP 头后、IP 数据报封装的上层协议或其他 IPsec 协议头之前（图 4.13）。ESP 头由 SPI 和序列号组成，ESP 尾部由填充项、填充长度和下一个头组成。认证范围为从 ESP 头到 ESP 尾，加密范围为有效载荷和 ESP 尾部分。

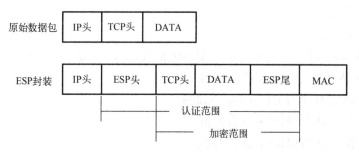

图 4.13　传输模式下 ESP 协议封装方式

隧道模式下，ESP 头工作在原始的 IP 头之前，重新生成一个新的 IP 头，并封装在 ESP 头之前，如图 4.14 所示。

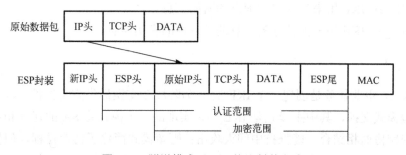

图 4.14　隧道模式下 ESP 协议封装方式

认证范围仍为 ESP 头到 ESP 尾，加密范围为从原始 IP 头到 ESP 尾。

4.4.3 IKE 协议

用 IPsec 保护一个 IP 数据流之前，必须先建立一个 SA。SA 可以手动或自动创建。当用户数量不多，而且密钥的更新频率不高时，可以选择使用手动方式。但当用户较多，网络规模较大时，就应该选择自动方式。IKE 就是 IPsec 规定的一种用于动态管理和维护 SA 的协议。它使用了两个交换阶段，定义了四种交换模式，允许使用四种认证方法。

由于 IKE 以 ISAKMP 为框架，所以它有了两个交换阶段，阶段 1 交换用于建立 IKE SA，阶段 2 交换利用已建立的 IKE SA 为 IPsec 协商具体的一个或多个安全关联，即建立 IPsec SA。同时，IKE 定义了交换模式，即主模式（Main Mode）、野蛮模式（Aggressive Mode）、快速模式（Quick Mode），以及新群模式（New Group Mode）。在不同的交换阶段可以采用的交换模式不同。

1. IKE 协议的缩略语

SA：带有一个或多个建议载荷的安全关联载荷。

KE：密钥交换载荷。

ID_x：标识载荷。x 为 ii 表示 ISAKMP 的发起者，x 为 ir 表示 ISAKMP 的响应者。

HASH：散列载荷。

SIG：签名载荷。

CERF：证书载荷。

N_x：x 的 nonce 载荷。x 是 i 代表 ISAKMP 的发起者，x 是 r 代表 ISAKMP 的响应者。

CKY-I：ISAKMP 头中的发起者 Cookie。

CKY-R：ISAKMP 头中的响应者 Cookie。

g_i^x：发起者的 Diffie-Hellman 公开值。

g_r^x：响应者的 Diffie-Hellman 公开值。

prf(key, msg)：使用密钥 key 和输入消息 msg 的伪随机数函数，如 HMAC。

SKEYID：由仅有通信双方知道的秘密密钥信息生成的密钥串。

SKEYID_d：用来为后续 IPsec SA 生成数据加密密钥。

SKEYID_a：IKE 用来认证它的消息的密钥信息。

SKEYID_e：IKE 用来保护它的消息的保密性的密钥信息。

2. 阶段 1

在阶段 1，主要任务是创建一个 IKE SA，为阶段 2 交换提供安全保护。阶段 1 包括主模式和野蛮模式交换，其中主模式是 IKE 必须实现的。主模式将 SA 的建立和对端身份的认证以及密钥协商相结合，能抵抗中间人攻击；野蛮模式简化了协商过程，但抵抗攻击的能力较差，也不能提供身份保护。它们均在其他任何交换之前完成，用于建立一个 IKE SA 及验证过的密钥。阶段 1 主要工作包括协商保护套件、执行 Diffie-Hellman 交换、认证 Diffie-Hellman 交换及认证 IKE SA。

与 IPsec SA 不同的是，IKE SA 是一种双向的关联，IKE 是一个请求-响应协议，一方是发起者（Initiator），另一方是响应者（Responder）。一旦建立了 IKE SA，将同时对进入和外出业务进行保护。IKE SA 提供了各种各样的参数，它们是由通信实体双方协商而制定的。这些参数称为一个保护套件，包括散列算法、鉴别算法、Diffie-Hellman 组、加密算法等，即为 4.2.2 节中的安全关联。

在阶段 1 的交换中，无论使用哪种模式，都可采用数字签名、公钥加密、修订的公钥加密和预共享密钥这四种认证方法，但交换消息的载荷组成因认证方法的不同而有所差异。

1）预共享密钥认证主模式交换

（1）交换步骤。

使用预共享密钥认证的主模式交换用三步建立了 IKE SA，如图 4.15 所示。

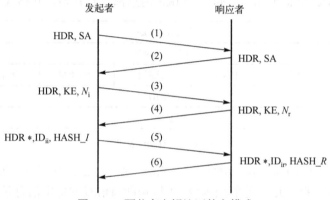

图 4.15　预共享密钥认证的主模式

第一步（消息（1）、（2））：协商好 IKE SA 需要的各项参数，以明文的方式传递，并且没有身份认证，响应者根据发起者的建议，选择一个合适的变换，形成消息（2）返回给发起者。

第二步（消息（3）、（4））：用于协商 Diffie-Hellman 密钥材料（nonce 和 KE），为通信双方生成一个共享的秘密，也以明文的方式传递，并且没有身份认证。

在对阶段 1 中协商的 SA 和 Diffie-Hellman 共享密钥进行认证之前，双方会生成四种秘密：SKEYID、SKEYID_d、SKEYID_a、SKEYID_e。其中，根据采用的认证方式不同，SKEYID 的生成方式也不同。

基于数字签名的认证：$SKEYID_{sign} = prf(N_i | N_r, K_{DH}(I, R))$（$K_{DH}$ 是发起者和响应者独立进行的相同的共享秘密计算）。

基于公钥加密的认证：$SKEYID_{pd} = prf(hash(N_i | N_r), CKY\_I | CKY\_R)$。

基于预共享密钥的认证：$SKEYID_{pre} = prf(K_{pre}(I, R), N_i | N_r)$。

生成了 SKEYID 后，通信双方再逐次生成其余三种秘密：

$$SKEYID\_d = prf(SKEYID, K_{DH}(I, R) | CKY\_I | CKY\_R | 0)$$

$$SKEYID\_a = prf(SKEYID, SKEYID\_d | K_{DH}(I, R) | CKY\_I | CKY\_R | 1)$$

$$SKEYID\_e = prf(SKEYID, SKEYID\_a | K_{DH}(I, R) | CKY\_I | CKY\_R | 2)$$

第三步（消息（5）、（6））：认证双方的身份，HDR 后的*表明，最后两条消息是用 SKEYID_e 加密的。

双方各自计算一个散列结果：HASH_I 和 HASH_R，称为认证者。该散列以 SKEYID 为密钥，输入中包含双方交换的 Diffie-Hellman 公开数字、nonce、SA 以及自己的身份标识 ID 等。

$$\text{HASH\_}I = \text{prf}\left(\text{SKEYID}, g_i^x \mid g_r^x \mid \text{CKY\_}I \mid \text{CKY\_}R \mid \text{SA}_{i\_b} \mid \text{ID}_{ii}\right)$$

$$\text{HASH\_}R = \text{prf}\left(\text{SKEYID}, g_r^x \mid g_i^x \mid \text{CKY\_}R \mid \text{CKY\_}I \mid \text{SA}_{i\_b} \mid \text{ID}_{ir}\right)$$

如果通信双方能够重构预期的 HASH_I 和 HASH_R，则表明散列计算中涉及的各条消息在传输过程中是完整的。通信双方的身份信息在传输过程中也受到了机密性保护。

（2）主要载荷说明。

①HDR：ISAKMP 的通用头，每一个 IKE 消息都以它开始。其格式如图 4.16 所示。

发起者 Cookie				
响应者 Cookie				
下一个载荷	主版本	次版本	交换类型	标志
消息 ID				
长度				

图 4.16　HDR 格式

其中，"发起者 Cookie"和"响应者 Cookie"是一对由公有信息（如源/目标 IP 地址、源/目的端口等）和一些本地信息的散列值，可以帮助通信双方确定消息是否来自对方；"标志"主要用于加密同步；"下一个载荷"说明消息中的第一个载荷；"消息 ID"表示相同的 IKE SA 保护下的不同协议的 SA，所以在 IKE SA 建立的过程中这一字段的值为 0；"长度"表示 HDR 头和紧接在 HDR 之后的所有载荷的总长度。主版本和次版本均为 ISAKMP 协议版本。交换类型为主模式、野蛮模式、快速模式、新群模式等。

②SA 载荷：携带发起者建议的一系列安全参数，供响应者选择。其格式主要部分如图 4.17 所示。

下一个载荷	保留	载荷长度
DoI		
情形		
...		

图 4.17　SA 载荷格式

其中，"下一个载荷"表示紧接的载荷类型，尽管 SA 载荷后一定跟着一个或多个建议载荷，而建议载荷后又跟着一个或多个变换载荷，但是"下一个载荷"指向的是变换载荷后紧接的载荷；"载荷长度"为整个 SA 载荷的长度（包括建议载荷和变换载荷）；"保留"必须为 0；"DoI"指定协商所基于的 DoI；"情形"表明协商发生时的情形。

③建议载荷：依据 SA 载荷"情形"字段的值，发起者在建议载荷部分给出建议响应者使用的安全协议。其格式如图 4.18 所示。

下一个载荷	保留	载荷长度	
建议数	协议 ID	SPI 大小	变换数
SPI			

图 4.18　建议载荷格式

其中，"下一个载荷"或者指向下一个建议载荷，或为 0（后面没有建议载荷时）；"保留"必须为 0；"载荷长度"为整个建议载荷的长度（包括该建议载荷包含的变换载荷）；有时可能会建议选择使用多个安全协议，因此每一个建议载荷必须有一个"建议数"，如果这些安全协议之间是逻辑与的关系，则对应的建议载荷的"建议数"必须相同，如果安全协议之间是逻辑或的关系，则对应的建议载荷的"建议数"单调增长；"协议 ID"表示本载荷建议使用哪一个安全协议，阶段 1 只能选择 ISAKMP 协议，阶段 2 可以选择 AH、ESP、COMP 或它们的逻辑组合；"SPI 大小"表示"SPI"值的长度，阶段 1 没有使用到 SPI，所以这个字段的值为 0；"变换数"表示包含在该建议载荷后跟着的变换载荷个数。

④变换载荷：用于在建立 SA 的协商中为一个指定协议提供不同的安全机制。其格式如图 4.19 所示。

下一个载荷	保留	载荷长度
变换数	变换 ID	保留 2
SA 属性		

图 4.19　变换载荷格式

其中，"下一个载荷"或者指向下一个变换载荷，或者为 0（后面没有变换载荷时）；"保留"字段必须为 0；"载荷长度"为本载荷的字节数；因为可能有多个变换，因此每一个变换必须对应一个"变换数"，并且这些"变换数"是单调增长的；"变换 ID"说明建议协议的变换标识符；"保留 2"也必须为 0；"SA 属性"包含由"变换 ID"指定的变换的 SA 属性，该属性用来在 IKE 通信双方之间传递具体的参数，如加密算法、散列算法、操作模式等。

⑤密钥交换载荷 KE：用于传输密钥交换数据。发起者和响应者都在本地计算 Diffie-Hellman 公钥，然后将该公钥编码入 KE 载荷。

⑥nonce 载荷 N_i：包含一个随机数，保护交换数据免受重放攻击。

⑦标识载荷 ID_x：包含的信息用于确认 SA 协商发起者的身份，响应者用身份信息来决定应用于 SA 的安全策略。

（3）预共享密钥认证主模式交换的局限性。

在预共享密钥认证主模式交换中，发起者的 HASH_I 为

$$HASH\_I = prf(SKEYID, g_i^x \mid g_r^x \mid CKY\_I \mid CKY\_R \mid SA_{i\,b} \mid ID_{ii})$$

其中，SKEYID 如下：

$$SKEYID_{pre} = prf(K_{pre}(I, R), N_i \mid N_r)$$

$K_{pre}(I, R)$是发起者 I 和响应者 R 的预共享密钥，双方的 ID 在第三步中才可以确定。在双方没有确立对方的 ID 之前，它们是无法维持预共享密钥的。因此，在非远程访问的情况下，可以将对方的 IP 地址作为对方的 ID。但是，如果是远程访问，发起者的 IP 地址不可能提前知道，也就不可能为自己尚不知道的 IP 地址维持一个预共享密钥，此时使用预共享密钥认证主模式交换就有了局限。解决方法之一就是使用基于公钥的认证方法，但如果必须使用预共享密钥认证的方法，则可以采用野蛮模式交换。

2）预共享密钥认证野蛮模式交换

（1）交换步骤。

预共享密钥认证野蛮模式的用途与主模式相同，都是为了建立一个 IKE SA，随后在该 SA 的保护下协商 IPsec SA。二者的主要差别在于，野蛮模式只需要用到主模式一半的消息。

使用预共享密钥认证的野蛮模式交换如图 4.20 所示。消息（1）包含一个"保护套件"列表、Diffie-Hellman 公共值、nonce 以及一些身份认证的数据；消息（2）是一个响应，对响应者进行身份认证，并回应一个选择好的"保护套件"、Diffie-Hellman 公共值、nonce 以及身份认证的数据，此时已经交换了所有用于 IKE SA 加密密钥的信息，因此消息（3）可以加密，但不是必需的；消息（3）用于认证发起者的身份。

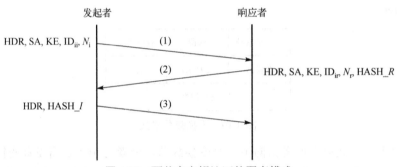

图 4.20　预共享密钥认证的野蛮模式

（2）预共享密钥认证野蛮模式交换的局限性。

①野蛮模式不能体现 IKE 丰富的协商功能，野蛮模式对消息量的限制也导致了对该模式的协商能力的限制。

②不提供对通信双方的身份保护，因为所有的鉴别信息一次就发送完毕了。

③由于发起者必须在第一条消息中提供它的 Diffie-Hellman 公共值以及它的 nonce，因此在不同的保护套件中无法提供不同的 Diffie-Hellman 公共值。

④野蛮模式限制了加密算法和散列算法的使用。

3）数字签名认证主模式交换

在数字签名认证方法中，双方的相互认证是通过对 $HASH\_I$ 和 $HASH\_R$ 进行数字签名来完成的，而并非只是提供一个散列结果。交换中采用了可选的载荷。数字签名是无法抵赖的，只要每一方都保留了同 IKE 会话对应的状态，它们就可以确定无疑地证明自己在同一个特定的实体进行通信。

使用数字签名认证的主模式交换如图 4.21 所示。

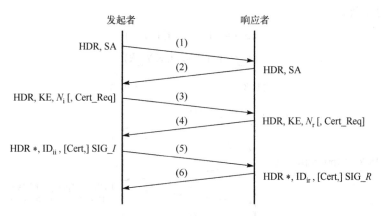

图 4.21　数字签名认证的主模式

4）公钥加密认证主模式

（1）交换步骤。

使用公钥加密认证的主模式交换如图 4.22 所示。其中{}pub_x 表示用"x"的公钥进行加密。在这种交换过程中，ID 载荷是在消息（3）中交换的，因为发起者必须提供自己的身份信息，使响应者能够正确地定位发起者的公钥，并对反馈给发起者的响应进行加密。如果要保护 ID 载荷，则双方必须使用对方的公钥加密自己的身份信息。

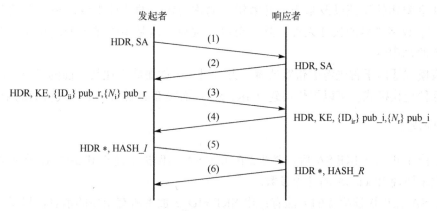

图 4.22　公钥加密认证的主模式

（2）公钥加密认证主模式交换的局限性。

① 公钥加密认证主模式不允许证书的请求或交换，如果想交换一份证书，则必须损失主模式的身份保护功能。应用该模式时，双方必须提供额外的方法支持，以便双方能够获得对方的证书。

② 容易造成抵赖，通信双方都可以否认自己曾经参与过交换。

5）修订的公钥加密认证主模式

修订的公钥加密认证主模式只需要公钥加密认证主模式一半的公钥运算，而且发起者可以向响应者出示证书。然而，发起者仍然需要使用 IKE 之外的方法来获得响应者的证书。使用修订的公钥加密认证的主模式交换如图 4.23 所示。其中，{}ke_x 表示用密钥"ke_x"

进行对称密钥加密。

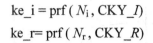

$$ke\_i = prf(N_i, CKY\_I)$$
$$ke\_r = prf(N_r, CKY\_R)$$

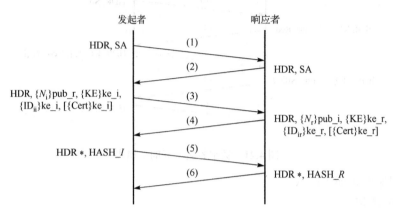

图 4.23　修订的公钥加密认证的主模式

6）其他野蛮模式交换

数字签名认证野蛮模式、公钥加密认证野蛮模式，以及修订的公钥加密认证野蛮模式的交换步骤也如图 4.20 所示，区别仅在于后两条消息中的验证载荷的表现形式不同：对于基于预共享密钥的认证以及基于公开密钥（简称公钥）的认证来说，是一个散列载荷；而对于基于数字签名的认证来说，是一个签名载荷。但是不管哪种野蛮模式，都存在前面所阐述的局限性。

野蛮模式适用于首先考虑带宽或者一方对另一方的策略有比较全面的了解的场合，那么利用这种交换模式就可以更快地建立 IKE SA，而没有必要利用主模式协商的全部功能。

3．阶段 2

在阶段 1 建立好 IKE SA 后，阶段 2 在 IKE SA 的保护下建立 IPsec SA。在该阶段通过快速模式来协商 IPsec SA 的各项参数。

IKE SA 保护快速模式的方法有：用 SKEYID_e 加密所有交换的消息，提供机密性服务；对所有的消息进行认证，不仅提供数据完整性保护，还可以对数据源的身份进行验证，即在接到消息后，可以验证它是否来真实的实体，以及哪条消息在传输过程中被篡改了。

快速模式如图 4.24 所示。发起者发送消息（1），按本地的策略要求，通过 SA 载荷，建议一种或多种安全协议（如 ESP 或 AH），并给出其相应的变换（即安全协议的安全参数）；响应者从建议的一种或多种安全协议中选择一种，并从选中的安全协议给出的一种或多种保护套件（即变换）中选出一种，形成 IPsec SA，发送给发起者；这个 SA 将用于保护数据通信。

快速模式交换不是一个完整的交换，它需要阶段 1 形成的 SKEYID_a，如果阶段 1 正常完成，则可以保证 SKEYID_a 的机密性。

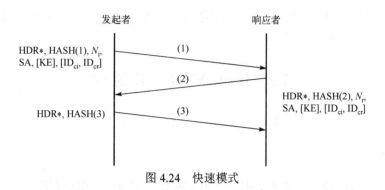

图 4.24　快速模式

三条消息中都使用了散列载荷，用以保护交换消息的完整性。其计算方式如下：

$$\text{HASH}(1) = \text{prf}(\text{SKEYID\_a}, \text{M-ID}| SA | N_i [|KE][|\text{ID}_{ci}|\text{ID}_{cr}])$$

$$\text{HASH}(2) = \text{prf}(\text{SKEYID\_a}, \text{M-ID}| N_{i\_b}| SA | N_r [|KE][|\text{ID}_{ci}|\text{ID}_{cr}])$$

$$\text{HASH}(3) = \text{prf}(\text{SKEYID\_a}, 0 | \text{M-ID}| N_{i\_b}| N_{r\_b})$$

快速模式需要从 SKEYID_d 状态中衍生出用于 IPsec SA 的密钥。由于所有 IPsec 密钥都衍生自相同的源，所以相互之间是有关联的。如果攻击者得到 SKEYID_d，那么衍生出来的 IPsec SA 密钥都是不安全的。为此，IKE 协议提供了 PFS（完美向前保密）。PFS 指即使攻破了第一阶段的密钥交换（也即攻破了 SKEYID 等衍生密钥），也只能阅读受该 SA 保护的信息，却不能阅读受 IPsec SA 保护的信息。

消息（1）、（2）中如果不包含 KE 载荷，则 IKE 规定新的密钥材料生成方法为

$$\text{KEYMAT} = \text{prf}(\text{SKEYID\_d}, \text{protocol} | SPI | N_{i\_b}| N_{r\_b})$$

显然，如果攻破了 SKEYID_d 等，则 KEYMAT 很容易被第三方计算出来，此时不能实现 PFS。

消息（1）、（2）中如果包含 KE 载荷，则 IKE 规定新的密钥材料生成方法为

$$\text{KEYMAT} = \text{prf}(\text{SKEYID\_d}, g^{xy} | \text{protocol} | SPI | N_{i\_b}| N_{r\_b})$$

g^{xy} 表示快速模式下 Diffie-Hellman 交换生成的暂时共享秘密。此时，即使第三方攻破了 SKEYID_d，也只能阅读受保护的 g^{xy}，而根据离散对数的难解性，第三方仍不可能知道 KEYMAT，这就实现了 PFS。

消息（1）、（2）中分别包含了两个身份载荷，这两个身份载荷与第一阶段的身份载荷的作用是不一样的。它们不用于认证，而用于为将建立的 IPsec SA 协商选择符，这个选择符规定了该 IPsec SA 将保护什么样的通信。这两条消息中还包含了两个 nonce 载荷，这两个载荷的目的在于给对方一个"存活"的证明，表明自身确实是真实的通信者，而不是冒充者。因为冒充者不能从消息（1）中解密出 N_i，因此不能由自身的消息计算出合法的 HASH（2）。

IPsec SA 的建立过程受到 IKE SA 的机密性、完整性保护。而且，HDR 中的 Cookie 字段以及 nonce 载荷使建立过程在一定程度上能抗重放攻击和拒绝服务攻击。

IKE 规定，在上述两个阶段、四种模式下，阶段 1 主模式和阶段 2 快速模式必须实现。在上述两个交换阶段中，阶段 2 交换是在阶段 1 建立的 IKE SA 的保护下进行的，而阶段 1

交换是在没有任何安全保护的情况下进行的，所以 IKE 采用了数字签名、公钥加密、修订的公钥加密和预共享密钥等认证方法。

4.5　IPsec VPN 工作流程

IPsec VPN 工作流程分为外出处理与进入处理两部分。

4.5.1　外出处理

当数据报文从协议上层或者数据包从内部网络达到 VPN 实体网络层后，IPsec VPN 系统进行以下处理。

（1）检索安全策略数据库（SPD），查找应用于该数据包的策略。

以选择符（源 IP 地址、目标 IP 地址、传输协议、源端口和目的端口等）为索引，对SPD 进行检索，确认适用于该数据包的安全策略。

若为拒绝策略，则丢弃该数据包；若为直接通过，则放行该数据包；若为 VPN 策略，则进入（2）的处理阶段。

（2）检索安全关联数据库（SAD），查找应用于该数据包的安全关联或 SA 集束。

以 SPD 中的隐指针作为索引，构造 SA 选择符，查询 SAD，若存在 SA，则返回 SA指针，得到实施于该数据包的安全参数；若不存在 SA，则调用 IKE 协商一个 SA，并将协商的 SA 链接到 SPD 条目上。

（3）安全隧道协议封装。

通过 SA 获取应用于该数据包的安全隧道协议、工作模式等。若采用 AH 协议，传输模式下按照图 4.10 进行封装，隧道模式下按照图 4.11 进行封装。若采用 ESP 协议，传输模式下按照图 4.13 进行封装，隧道模式下按照图 4.14 进行封装。若既采用 ESP 协议，又采用 AH 协议，即采用 ESP 协议加密、AH 协议认证，封装方式如图 4.25 所示。

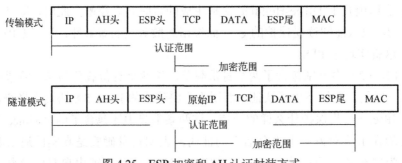

图 4.25　ESP 加密和 AH 认证封装方式

（4）修改外部 IP 头字段。

在（3）中，对原始数据包进行了封装，封装后的数据包中 IP 头信息将发生改变。若为传输模式，则修改 IP 头中数据报文长度字段，数据报文长度应包括还未计算的 MAC 的长度，并重新计算校验和字段；若为隧道模式，则需要构造新的 IP 头，源 IP 地址、目标 IP地址为 VPN 实体对的 IP 地址，即为安全隧道两端的 IP 地址，长度、校验和字段也要修改。

（5）安全处理。

通过 SA 获取应用于数据包的安全服务参数。若仅采用 AH 协议，则获取认证算法、认证密钥等参数，按照 AH 在传输或隧道模式下的封装方式对数据包进行完整性处理，并将认证摘要链接到数据包尾部；若仅采用 ESP 协议，则获取认证、加密算法以及加密认证密钥等参数，按照 ESP 在传输或隧道模式下的封装方式，依据其认证范围、加密范围进行认证、加密处理。若采用 ESP 加密、AH 认证，则按照图 4.25 进行安全处理。

（6）其他处理。

若为传输模式，则将数据包交由数据链路层；若为隧道模式，则需要重新进行路由。

4.5.2　进入处理

IPsec VPN 对数据包的进入处理如下。

（1）判别数据包类型。

首先判别数据包是否为 IPsec 封装包，判别的依据为 IP 头中的协议字段，若为 50，则为 ESP 协议；若为 51，则为 AH 协议。若不为 IPsec 封装包，则交由系统处理。

（2）检索 SAD。

构造进入包 SA 检索三元组<目标地址，协议，SPI>，检索 SAD。若未找到 SA，则丢弃数据包；若找到 SA，则依据 SA 进入（3）阶段。

（3）安全处理。

依据检索出来的 SA，如果封装协议为 AH 协议，则依据封装方式（传输模式下或隧道模式），计算数据报文的摘要值，并与数据报文中的摘要值进行比对，若一致，则依据 AH 协议的封装格式对数据包进行解封装处理；若不一致，则丢弃。若封装协议为 ESP 协议，依据封装方式对数据包进行认证、解密处理，然后依据 ESP 的封装方式进行解封装。如果存在 SA 集束，则进行嵌套安全处理。最后还原出来原始的 IP 数据包。

（4）安全策略检查。

依据 IP 数据包头部信息，构造安全策略选择符，查找安全策略，若安全策略不为 VPN 策略，则丢弃数据包，说明发送方与接收方数据包处理不一致；若为 VPN 策略，则将其转发至内网或本机传输层。

4.6　IPsec VPN 网络适应性问题

4.6.1　IPsec VPN 协议最小集

IPsec 协议簇包括 AH、ESP 和 IKE 协议等，其中 AH 和 ESP 协议均能够提供认证功能，AH 协议是对封装后的整个数据报文进行认证，ESP 既可以对数据报文进行加密，又可以对数据报文进行解密，鉴于安全服务的角度，ESP 所能提供的安全服务涵盖了 AH 所能提供的安全服务。从安全协议实施的角度出发，越小的协议集实施起来越容易，协议实现的复杂性更低，因此，就有学者提出"在 IPsec 协议中簇中，ESP 协议是否可以取代 AH 协议？"也就是为 IPsec 找到更小的协议子集。

究竟 ESP 能否取代 AH 协议？下面，以图 4.26 为例来进行分析。

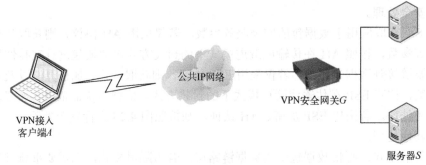

图 4.26　VPN 典型应用拓扑实例

（1）客户端 *A* 采用 AH 协议封装访问服务器 *S*。

当 *A* 访问 *S* 时，*A*->*S* 的数据流被 *A* 和 *G* 之间的安全隧道所保护。当 AH 数据包通过公共的 IP 网络时，如果数据包内容被修改，那么当数据包到 VPN 安全网关 *G* 后，数据包将无法通过完整性认证，这是由于 AH 协议是对封装之后的整个数据包进行认证的。因此对于 AH 协议来说，无论修改任何内容，数据包到达网关以后，均可以被发现。

（2）客户端 *A* 采用 ESP 协议封装访问服务器 *S*。

ESP 和 AH 封装的区别主要在于 ESP 具有加密处理，且其认证范围为 ESP 头到 ESP 尾，不论传输模式还是隧道模式，和 AH 认证相比，少了最外部 IP 头的认证。因此，分析最外部 IP 头遭受攻击后是不是会受到影响。

若 ESP 头中 SPI 值等数据被窜改了，数据包到达安全网关 *G* 后，由于 ESP 认证范围为 ESP 头到 ESP 尾，认证包括了 ESP 头，所以数据包可以被发现。

若 IP 头中目标地址被窜改了，ESP 和 AH 一样，数据包都到达不了安全网关 *G*，而且 ESP 对数据包进行了加密，即使数据包到达了攻击方，内容也难以被理解。

若 IP 头中源地址被窜改了，在 ESP 数据包到达安全网关 *G* 后，提取目标地址、协议、SPI，构造三元组，用来检索应用于该数据包的 SA，依据 SA 对 ESP 数据包进行解密、认证以及解封装。内部服务器 *S* 发送的响应包为 *S*->*A*，到达安全网关 *G* 后，同样可以依据安全策略检索出 SA，以对数据包进行 VPN 处理，被封装的 IPsec 包中最外部 IP 头的源、目标 IP 地址被填充为正确的隧道两端的 IP 地址，可以正确到达接入客户端 *A*，并未受到影响。

若 IP 头中的协议字段被窜改了，对于 ESP 数据包来说，由于在安全网关 *G* 上无法检索出 SA，故而数据包被丢弃；对于 AH 数据包来说，由于 IP 头被窜改，AH 数据包在安全网关 *G* 处无法通过验证。

综上分析，ESP 协议认证尽管不包括最外部的 IP 头，但是在最外部 IP 头被攻击的情况下，ESP 数据包的处理要么和 AH 数据包处理一样，要么不受影响。可见，ESP 协议可以在一定程度上取代 AH 协议。

IPsec VPN 的工作模式中，传输模式的封装方式是将 IPsec 协议头封装在原始数据包 IP 头与有效载荷之间；隧道模式的封装方式则是将 IPsec 协议头封装在新创建的 IP 头与原始数据包 IP 头之间。相比传输模式来说，隧道模式下 IPsec 协议的封装包增加了最外部的 IP

头，占 20 字节，在带宽较大的环境中可以忽略不计，但在带宽不能保证的环境中，如空天网络中，通常采用传输模式。另外，传输模式适用于端到端的场景，而隧道模式既适用于端到端的场景，还适用于端到网关、网关到网关的场景。由此可见，在带宽较大的网络环境中，隧道模式是可以取代传输模式的，特别是随着无线网络带宽的不断增大，隧道模式下的外部 IP 头处理的开销忽略不计。

4.6.2　IPsec VPN 与防火墙的适应性问题

IPsec VPN 与防火墙的适应性问题主要体现在防火墙对 IPsec 处理的数据包的控制问题上，有以下五种情况。

1）情况一

情况一如图 4.27 所示，防火墙位于内部网络与 VPN 安全网关之间，对进出内网的数据包进行过滤。因此，在这样的情况下，对于需要进行 VPN 安全处理的数据包，防火墙必须放行。倘若防火墙策略是拒绝需要 VPN 处理的数据包，则被 VPN 安全网关 SG1 保护的 VPN 成员就无法享受 VPN 服务，致使 VPN 与防火墙之间存在不兼容。

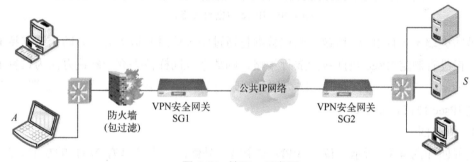

图 4.27　情况一示意图

解决此问题的方法：防火墙的包过滤规则必须为放行的安全策略，如 A->S:ACCEPT。

2）情况二

情况二如图 4.28 所示，防火墙具有 NAT（Network Address Translation）的功能，从内网外出的数据包源 IP 地址被修改，例如，A->S 被映射为 B->S。但是，VPN 安全网关的安全策略为 A->S:VPN（应用安全服务），此时由于数据包 IP 头信息为 B->S，因此，安全策略无法匹配，致使 VPN 安全处理失败。

图 4.28　情况二示意图

3）情况三

情况三如图 4.29 所示，防火墙位于 VPN 安全网关 SGI 与公共 IP 网络之间。图 4.29 中防火墙具有包过滤功能。内网发送的 *A->S* 数据包经过 IPsec VPN 安全处理后，数据封装格式如图 4.30 所示。

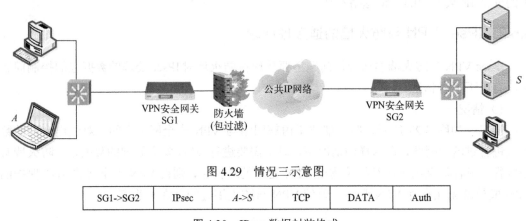

图 4.29　情况三示意图

SG1->SG2	IPsec	*A->S*	TCP	DATA	Auth

图 4.30　IPsec 数据封装格式

若防火墙不支持 IPsec 协议，则该数据包通过防火墙时易被丢弃；若防火墙支持 IPsec 协议，但没有制定 IPsec 数据包的放行策略，则数据包同样被丢弃。解决办法为设置 IPsec 数据包的 ACCEPT 策略。同时，防火墙规则限定的粒度为 IP 地址、协议，而端口等其他信息被 IPsec 协议封装了。

4）情况四

情况四如图 4.31 所示，位于 VPN 安全网关外侧的防火墙具有 NAT 的功能。当经过 VPN 安全网关 SG1 封装后的 IPsec 数据包经过防火墙时，防火墙对该数据包进行地址的映射。由于 IP 地址或者 IP 地址与端口均发生了变化，NAT 与 IPsec 之间产生了不兼容性，详见 4.6.3 节的分析。

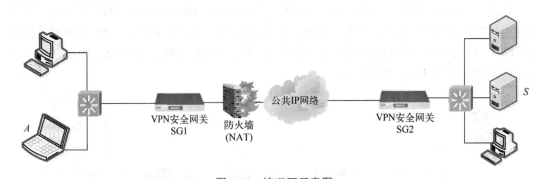

图 4.31　情况四示意图

5）情况五

情况五如图 4.32 所示，防火墙系统与 VPN 系统集成在同一个公共机中。此时，应该考虑防火墙系统与 VPN 系统在 SG1 中实现的先后顺序，来决定如何处理。若防火墙系统实现在 VPN 系统之前，则该情况类似于情况 1 和 2，若防火墙系统实现在 VPN 系统之后，情况类于情况 3 和 4。

图 4.32　情况五示意图

4.6.3　IPsec VPN 与 NAT 的兼容性问题

IPsec VPN 与 NAT 的兼容性问题主要体现在 AH 协议、ESP 协议和 IKE 协议与 NAT 的兼容性问题上。

（1）AH 协议与 NAT 之间的不兼容性分析。

AH 协议对 IP 数据包进行封装，并对封装之后的整个 IP 数据包进行完整性认证。当该 AH 数据包通过 NAT 设备后，不论为哪类 NAT，均会改变 IP 头中的 IP 地址。当 IP 地址被改变的 AH 数据包到达 VPN 实体以后，VPN 实体将依据进入 SA 对 AH 数据包进行认证，由于 IP 地址发生了改变，所以 AH 数据包将会验证失败而被丢弃。可见，不论在传输模式下还是隧道模式下，AH 协议都是对封装之后的整个 IP 数据包进行认证，所以 AH 协议与 NAT 之间始终是不兼容的。

（2）ESP 协议与 NAT 之间的不兼容性分析。

NAT 分为源 IP 地址映射和目标 IP 地址映射，源地址映射又分为静态 NAT、动态 NAT 和端口地址映射。ESP 协议对 IP 数据包进行封装之后，对 ESP 头到 ESP 尾之间的部分进行完整性认证，对原始 IP 数据包或有效载荷以及 ESP 尾进行加密。当 ESP 数据包通过 NAT 设备时，若为静态 NAT，则改变 IP 头中的源 IP 地址，其他不变，当 ESP 到达 VPN 实体后，由于 ESP 认证范围不包括最外部的 IP 头，所以完整性认证不受影响，解密、解封装同样也不受影响，可见静态 NAT 与 ESP 协议之间不存在兼容性问题；若为动态 NAT，改变的同样也是 IP 头中的源 IP 地址，其他不发生变化，因此，ESP 协议与动态 NAT 之间也不存在兼容性问题；若为端口地址映射，改变的不仅包括源 IP 地址，还包括端口号，但端口号位于传输层协议头部分，而这一部分在 ESP 协议中被加密了，是以密文的形式存在的，致使动态 NAT 无法完成，从而丢弃该数据包，因此，ESP 协议与端口地址映射之间存在着不兼容性。

目标地址映射（DNAT）主要用于内部服务器对外提供服务时对外公开的外部 IP 地址。若 NAT 设备位于主动发起者的 VPN 实体之前，由于 NAT 设备不会对其进行处理，所以此时，DNAT 与 IPsec 之间不存在兼容性问题；若 NAT 设备位于接收者的 VPN 实体之前，说明此时 VPN 实体为内部网络 IP 地址，NAT 设备为其提供对外服务的 IP 地址，在这种情况下，这个 IP 地址在发起端由 VPN 实体封装进去，在 NAT 设备处进行转换。当 DNAT 规则没有端口间的映射关系时，ESP 与 DNAT 不存在兼容性问题；当 DNAT 规则有端口间的映射关系时，仍然会由于端口被加密而无法进行 DNAT，此时就会产生 ESP 与 DNAT 的兼容性问题。

（3）IKE 协议与 NAT 之间的不兼容性分析。

IKE 协议工作在应用层，采用 UDP 协议 500 端口来表示服务进程。当 NAT 设备进行端口地址映射时，若 500 端口被改成其他端口，则会使得对方无法识别是 IKE 协商，致使安全隧道协商失败，可见，此时 IKE 协议与端口地址映射之间是不兼容的。

综上所述，IPsecVPN 与 NAT 的不兼容性主要体现在：AH 协议与 NAT 是完全不兼容的；ESP、IKE 与端口地址映射存在着不兼容。目前解决 IPsecVPN 与 NAT 的不兼容性问题，即 NAT 穿越问题，主要解决 ESP 协议与端口地址映射之间的不兼容性问题。目前国际上的解决草案为 UDP+IPsec 的方式。

第 5 章　SSL VPN 技术

SSL VPN 工作在传输层与应用层之间,是一种典型的面向 Web 应用的安全 VPN 系统,可构建简捷实用的移动接入安全解决方案,在 VPN 技术中处于十分重要的地位。本章从 SSL VPN 产生背景入手,阐述了 SSL 基本原理,接着介绍了 SSL 协议体系构建,再重点阐述了 SSL 握手协议的通信过程与密钥生成方法,以及 SSL 记录协议、告警协议、修改密文规约协议,对 SSL VPN 的安全性进行了分析,最后剖析了一个经典的 SSL VPN 的实现技术。

5.1　SSL VPN 的产生背景

随着移动互联网技术的飞速发展,以智能终端为代表的移动设备逐渐向智能化、多元化和高性能等方面深入发展。同时,各式各样的 APP 也铺天盖地接踵而来,覆盖了从学习、娱乐到商业等各类与生活息息相关的服务。许多移动应用程序使用 SSL/Transport Layer Security(TLS)来保障财产数据和认证信息等个人隐私安全。

在设计上,IPsec VPN 是一种基础设施性质的安全技术,IPsec VPN 技术在网络安全互联中起到了重要作用,IPsec 协议工作在 IP 层,该层属于操作系统的核心层,如果要将其应用于多样化的客户端系统,则必须利用终端操作系统的开放接口或钩子函数,对接 IPsec 协议处理与 IP 层协议处理流程,经系统编译后,形成 IPsec VPN 客户端软件,实施 IPsec 安全操作。这一特点使得 IPsec VPN 技术的应用有局限性。

IPsec VPN 技术的应用局限性主要体现在以下几个方面:其一是 IPsec VPN 客户端软件与操作系统的版本密切相关,如 Windows 的各种版本(Windows XP、Windows 7、Windows 8、Windows 10 等),随着操作系统的升级,IPsec VPN 客户端软件也要重新进行开发、编译与升级;其二是客户端系统除了 PC、笔记本电脑外,还包括多种多样的智能手机、平板电脑,它们的操作系统也呈现多样化的特点,以苹果手机为例,其操作系统为 iOS,没有对外开放的操作系统接口,要想在其上开发 IPsec VPN 客户端软件,难度极大;其三是因 IPsec VPN 客户端软件与操作系统软件的结合较为紧密,IPsec VPN 客户端软件的运行与操作系统之上运行的软件会存在兼容性问题,例如,与防病毒、防火墙等软件的兼容性以及运行稳定性方面,一直是 IPsec VPN 客户端软件关注的重点;其四是 IPsecVPN 与基于 TCP/UDP 端口控制策略的防火墙协同时,需要防火墙开放端口或者自身解决 IPsec 与 NAT 协同问题。

由此可以看出,IPsec VPN 技术因其工作在 IP 层而存在很多应用局限性问题。为解决该问题,SSLVPN 技术应运而生,它工作在传输层与应用层之间,避免了与操作系统的紧耦合,提供 Web 安全和远程移动安全接入,更适合 Web 应用安全传输领域,对客户端操作系统没有更高的要求,适用于大多数移动接入客户终端,应用场合更加广泛。

　　一般来说，相对于 IPsec VPN，SSL VPN 的部署和实施成本低。在 SSL VPN 中，客户端不需要安装任何软件或硬件，只要使用标准的浏览器，就可通过简单的 SSL 安全加密协议，安全地访问网络中的信息。SSL VPN 避开了部署及管理复杂客户软件的复杂性和人力需求。SSL 在 Web 的易用性和安全性方面架起了一座桥梁，SSL VPN 具有如下特点。

　　（1）简单。它不需要配置，可以立即安装、立即生效。一般情况下，客户端不需要烦琐的安装，直接利用浏览器中内嵌的 SSL 协议即可。

　　（2）兼容性。传统的 IPsec VPN 对客户端采用的操作系统版本具有很高的要求，不同的终端操作系统需要不同的客户端软件，而 SSL VPN 因工作在传输层与应用层之间，对终端操作系统的兼容性更好。

　　因此，SSL VPN 的优势主要集中在 VPN 客户端的部署和管理上。SSL VPN 一再强调无客户端或瘦客户端，主要是由于浏览器内嵌入了 SSL 协议，也就是说执行基于 B/S 结构的业务时，可以直接使用浏览器完成 SSL VPN 的建立。

5.2　SSL VPN 基本原理

5.2.1　基本功能

　　安全套接字层（Secure Sockets Layer，SSL）是由 Netscape（网景）公司开发的网络安全传输协议，是目前 Internet 上点到点之间尤其是 IE 浏览器与服务器之间进行安全数据通信所采用的重要协议。1994 年，网景公司开发了 SSL 协议的 1.0 版本，但是并未发布。1995年，网景公司发布了 SSL 2.0，该版本只适用 RSA 密钥交换方式（在使用证书的情况下）。随后，网景公司修改并发展了该协议，SSL 3.0 版于 1996 年问世，SSL 3.0 主要增加了一些新的特性，其中主要包括对除 RSA 之外的非对称加密算法的支持，并弥补了 SSL 2.0 的一些安全缺陷。SSL 3.0 的稳定和成熟，使其很快就成为事实上的工业化标准。在 1997 年，因特网工程任务组在修改和完善 SSL 3.0 的基础上提出并发布了 TLS 1.0(安全传输层协议)的修订草案。随着 SSL 协议的广泛使用以及手持设备的发展，1999 年，WAP 论坛又在 TLS 1.0 的基础上提出了无线传输层安全协议（Wireless Transport Layer Security，WTLS），以适应日渐兴盛的无线网络应用环境。

　　SSL VPN 用以保障 Web 浏览器和 Web 服务器之间的信息安全，每个 SSL 会话一次只服务于一个应用程序。SSL 协议主要为通信双方提供数据加密、身份认证、消息完整性认证服务。通过对数据进行加密来防止任何非法第三方对原始信息的读取；通过身份认证机制来完成对通信双方身份的鉴别；通过消息完整性来防止任何非法第三方对原始信息的窜改或伪造。其最终目的是保证数据的安全，消除互联网用户对传输敏感数据的安全顾虑。SSL 协议所提供的主要功能如下。

　　（1）身份认证。在客户端和服务器端正式通信前，双方都必须确认对方的身份，确保数据发送到正确的客户端和服务器端。SSL 协议使用数字证书与数字签名技术实现通信双方的身份识别与认证。SSL 协议中数字证书是由公钥基础设施（Public Key Infrastructure，PKI）中 CA（证书权威机构）颁发的。

（2）数据加密。由于公钥和私钥对通信数据进行加解密耗时多、性能低，故在身份认证的基础上，客户端和服务器端会协商对称密钥，在后续的通信中会使用对称密钥进行加密和解密，以提高性能，保证响应时间在可接受的范围内。

（3）完整性保护。SSL 协议使用信息摘要相关算法来保证信息在传输途中不被窜改。

5.2.2　基本结构

按照功能，SSL VPN 系统可以分为 SSL VPN 服务器和 SSL VPN 客户端两部分。通过 SSL VPN 服务器，公共网络用户可以对私有的局域网进行访问，这样可以对局域网内部的拓扑结构进行保护。而 SSL VPN 客户端是一种在远程计算机上运行的程序，为远程计算机建立了从公共网络访问内部局域网的安全隧道，这样远程计算机就可以安全地访问内部局域网的资源。SSL VPN 包括 Web（又称为 WWW）浏览器模式、SSL VPN 客户端模式、局域网到局域网模式。

1）Web 浏览器模式

Web 浏览器模式由于浏览器普遍内置 SSL 协议，具有容易配置和使用、不需要客户端的特点。这种模式下，SSL VPN 是一个数据中转服务器，所有的数据都需要经过 SSL VPN 的认证后才能向内网的服务器进行发送，而应用程序向浏览器发送的数据也必须经过 SSL VPN 的加密。通过这种模式，利用 SSL 协议在浏览器和服务器之间建立了一条安全的数据传输通道。这种模式以零客户端的方式，使用户利用 Web 浏览器远程安全访问内部 WWW 服务器。其基本结构如图 5.1 所示。

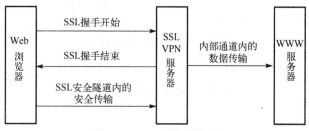

图 5.1　Web 浏览器模式

2）SSL VPN 客户端模式

SSL VPN 客户端模式与 Web 浏览器模式最大的不同之处在于：远程用户需要先安装一个 SSL VPN 客户端，在用户远程访问内部的服务器时，客户端浏览器与 SSL VPN 客户端之间首先建立连接，后续数据传输就在 SSL VPN 客户端与 SSL VPN 服务器之间进行。在这种模式下，SSL VPN 客户端起到代理客户端的作用，而 SSL VPN 服务器则起到了代理服务器的作用。在 SSL VPN 服务器和 SSL VPN 客户端之间，SSL 协议建立了一条安全的数据传输通道，用以保证 Web 浏览器与 WWW 服务器之间的数据传输安全。其基本结构如图 5.2 所示。

3）局域网到局域网模式

在特殊情况下，SSL VPN 也可以构建图 5.3 所示的局域网到局域网模式，它对局域网和局域网之间的数据传输进行保护，它支持所有建立在 TCP/IP 和 UDP/IP 上的应用的通信安全。当在一个局域网内的计算机想要访问远程网络中的服务器时，需要经过两个局域网之间的 SSL VPN 服务器的传输保护。SSL VPN 服务器在这里起到了网关的作用，在两个 SSL VPN 服务器中间，通过 SSL 协议来建立安全的数据传输通道。相比于 IPsec VPN，这种模式具有更多的访问控制方式，但是也有仅能对应用数据的安全进行保护、性能低的缺点。通常情况下，在局域网到局域网的模式下，会选择 IPsec VPN，这种模式的部署不太广泛。

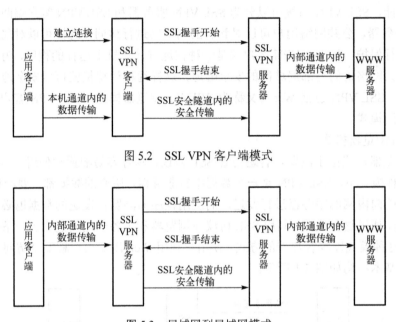

图 5.2　SSL VPN 客户端模式

图 5.3　局域网到局域网模式

5.3　SSL 协议体系

5.3.1　SSL 协议簇

SSL VPN 安全性由 SSL 协议来保证。SSL 协议体系如图 5.4 所示，其协议体系可分为 HTTP 层、SSL 层和 TCP 层。

SSL 握手协议	SSL 修改密文规约协议	SSL 告警协议	HTTP
SSL 记录协议			
TCP			
IP			

图 5.4　SSL 协议体系

HTTP 主要将用户需求翻译成 HTTP 请求，它是 SSL 协议的保护对象。

SSL 层包括 SSL 握手协议、SSL 修改密文规约协议、SSL 告警协议和 SSL 记录协议。

其 SSL 层的主要功能是借助下层协议的信道安全地协商出一份加密密钥，并用此密钥来加密 HTTP 请求。其中，SSL 握手协议、SSL 修改密文规约协议、SSL 告警协议与 HTTP 一样工作在应用层，用以完成 SSL 加密密钥协商与 SSL 协议的管理工作。SSL 记录协议工作在传输层与应用层之间，是完成数据加密、完整性验证的协议，它通过分段、压缩、添加 MAC 以及加密等操作步骤把应用数据封装成多条记录，最后进行安全传输。

TCP 用以与 Web 服务器的 443 端口建立连接，传递 SSL 处理后的数据，是 SSL VPN 的承载协议。

可见，SSL VPN 首先通过 SSL 握手协议建立客户端与服务器之间的安全通道，获得用于安全传输的密文规约，再通过 SSL 记录协议进行压缩、加密、完整性验证等工作，最终保证应用数据的传输安全。

5.3.2　SSL 会话与连接

SSL 协议的执行与两个重要参数有关，分别是 SSL 会话与 SSL 连接。

1）SSL 会话

SSL 会话是通过 SSL 握手协议创建的客户端和服务器的关联。通信两端都保留一个与会话有关的信息。一个 SSL 会话可被多个连接共享，这样避免了多次通过代价昂贵的 SSL 握手来为每一个 SSL 连接协商加密规范。SSL 会话主要包括如下信息。

（1）会话的标识符：用以标识一个活跃的或可恢复的会话状态。

（2）对方证书：X.509 v3 格式的数字证书。

（3）压缩算法：数据加密前进行数据压缩的算法。

（4）密文规格：用以数据加密、数据完整性验证的密码算法，包括数据加密算法与数据散列算法等。

（5）主密钥：客户端与服务器共享的 48 字节的密钥。主密钥可以通过密钥生成算法，生成用以加密、验证的通信密钥。

（6）SSL 重用标识：标明能否用该会话发起一个新连接。

通过握手协议产生 SSL 会话，它是 SSL 执行所必需的安全参数，利用握手协议的可重用特性，可以使用相同的会话建立多个连接。

2）SSL 连接

SSL 连接是记录层协议的操作环境，连接描述了数据怎么发送、怎么接收。连接是动态的、暂时的，每一个连接和一个会话关联，提供端端传输服务。与连接相关的主要信息如下。

（1）序列号：服务器和客户端为每一个连接的数据发送与接收维护的单独的顺序号，唯一标识这个连接。

（2）随机数：仅本次连接客户端和服务器所持有。

（3）MAC 密码：用来计算 MAC 的密钥。

（4）初始化向量（Ⅳ）：当数据加密采用 CBC 方式时使用的 IV。它由 SSL 握手协议初始化，以后保留每次最后的密文数据块作为下一个记录的 IV。

5.4　SSL 握手协议

5.4.1　握手过程

握手协议完成客户端（可选）和服务器的认证并确立用于保护数据传输的加密密钥，实现客户端与服务器之间逻辑意义上的"安全握手"，提供通信双方经过协商后得到的共同确认的可以应用于记录层的安全参数，建立 SSL 的会话。SSL 握手协议是客户端和服务器建立连接后使用的第一个子协议，包括客户端与服务器之间的一系列消息，也是 SSL 中最复杂的一个协议。该协议允许服务器和客户机相互验证、协商加密和 MAC 算法以及加密密钥，用来保护在 SSL 记录中发送的数据。客户端和 Web 服务器结合双方的加密算法列表选出优先级最高的加密算法作为两者通信的主算法，用于数据的加密、解密。同时，通过 SSL 握手协议也可实现对客户端和 Web 服务器的身份验证，保证通信双方身份的真实性和合法性。其功能包括三个：一是客户端与服务器需要就一组用于保护数据的算法达成一致，即确立通信双方所需的密码规格；二是确立一组那些算法所使用的加密密钥；三是选择对客户端进行认证。

SSL 握手协议在协商密钥以及认证身份时主要包括六大步骤。

步骤一，客户端 C->服务器 S：{支持的算法列表，随机数 1}。

步骤二，服务器 S->客户端 C：{从算法列表中选择一种加密算法，S 的公钥证书，随机数 2}。

步骤三，客户端 C->服务器 S：客户端 C 对服务器 S 的证书进行验证，并产生随机密码串 pre_master_secret，将 pre_master_secret 服务器的公钥发送给服务器 S。

步骤四，客户端与服务器均在本地进行计算，根据 pre_master_secret 以及随机数 1、随机数 2，通过密钥导出函数，计算出加密和 MAC 密钥。

步骤五，客户端 C->服务器 S：客户端将所有握手消息的 MAC 值发送给服务器。

步骤六，服务器 S->客户端 C：服务器将所有握手消息的 MAC 值发送给客户端。

通过步骤一和步骤二，选择出双方共同拥有的密钥算法，同时增加通信双方的随机数，防止第三方进行重放攻击。通过步骤一～步骤三，确立预备主密钥，以及密钥参数随机数 1 和随机数 2。通过步骤四，客户端和服务器分别使用相同的密钥导出函数计算出通信所需的加密和 MAC 密钥。通过步骤五和步骤六，防止握手本身遭受窜改，并防止攻击者选择弱强度算法。

5.4.2　握手消息时序

握手是为双方建立安全的连接，同时完成对服务器和客户端的身份认证的一个过程。SSL 握手是通过双方相互发送一系列消息来完成的。它在传输数据之前就必须完成类似但不同于 TCP/IP 的三次握手协议，SSL 握手发生在三次握手之后，主要包括 4 个阶段。图 5.5 所示的是客户端与服务器进行双向认证时的消息时序图。

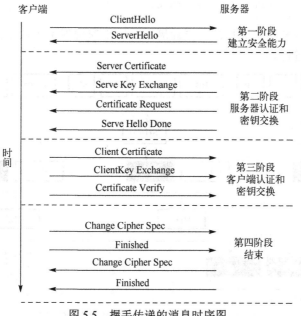

图 5.5　握手传递的消息时序图

在第一阶段，SSL 的客户端发送一个数据包来发起握手，这个数据包包含了双方交换的消息，内容包括：① SSL 版本；② 密钥交换、信息验证和加密算法；③ 压缩方法；④ 有关密钥生成的两个随机数。

在第二阶段，主要是服务器向客户端传递服务器的公钥、证书以及可接受的证书列表，让客户端验证服务器的合法性。

在第三阶段，客户端将预备主密钥使用服务器的公钥进行加密后，发送给服务器；同时选择将自身的证书与客户端公钥等信息发给服务器，让服务器验证客户端的合法性。

在第四阶段，客户端和服务器将改变密码规格值发送给对方，也将握手过程用 MD5 与 SHA 散列后发送给对方，最后完成整个握手过程。

5.4.3　SSL 协议中密钥的生成

SSL 中用到的密钥算法包括密钥交换算法、数据加密算法和散列算法三种。密钥交换算法采用非对称密钥加密算法，用于通信双方身份鉴别、数字签名、密钥协商等；数据加密算法采用对称密钥加密算法，使用"密钥交换算法协商出的密钥"对数据进行加密；散列算法用于密钥生成和完整性校验。

在 SSL 握手协议后，仅产生了预备主密钥，后续的加密密钥、散列密钥等还需要一套密钥生成算法来生成。SSL 中的密钥生成算法如下。

```
Master_secret=
    MD5(pre_master_secret+SHA-1("A"+pre_master_secret+
        client_random+server_random))+
    MD5(pre_master_secret+SHA-1("BB"+pre_master_secret+
        client_random+server_random))+
    MD5(pre_master_secret+SHA-1("CCC"+pre_master_secret+
```

```
client_random+server_random))
```

图 5.6 所示的是密钥生成算法的形象展示，它形象地展示了通过两次散列从预备主密钥到主秘密的计算过程。

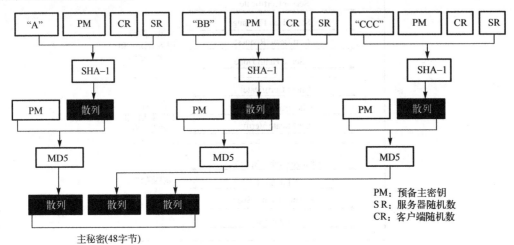

图 5.6　从预备主密钥到主秘密的计算过程

在通信双方都掌握的预备主密钥、客户端随机数、服务器随机数经过一系列散列运算后，得到主密钥的密钥材料。

在得到主密钥的密钥材料后，生成客户端认证密钥、服务器认证密钥、客户端加密密钥、服务器加密密钥、客户端 IV、服务器 IV，根据通信发起者是客户端还是服务器端进行密钥的运用。从密钥材料分割与提取验证密钥和加密密钥的过程如图 5.7 所示。

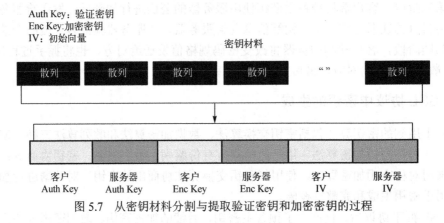

图 5.7　从密钥材料分割与提取验证密钥和加密密钥的过程

5.5　SSL 记录协议、告警协议和修改密文规约协议

5.5.1　SSL 记录协议

1）SSL 连接状态

SSL 记录协议的执行是在连接状态下进行的，连接状态是记录协议的操作环境。所有

记录都是在当前状态下进行处理的。连接状态包括当前读状态（接收数据）、当前写状态（发送数据）、未决读状态（安全参数未定）、未决写状态（安全参数未定）四种状态。连接状态所保留的参数如图 5.8 所示。它记录协议执行所需要的密码规格与参数。

```
Struct{
        ConnectionEnd          entity;
        BulkCipherAlgorithm    bulk_cipher_algorithm;
        CipherType             cipher_type;
        uint8                  key_size;
        uint8                  key_material_length;
        MACAlgorithm           mac_algorithm;
        uint8                  hash_size;
        CompressionMethod      compression_algorithm;
        Opaque                 master_secret[48];
        Opaque                 client_random[32];
        Opaque                 server_random[32];
        }
```

图 5.8　连接状态所保留的参数

其含义如下。

（1）entity：本端在连接中的角色（是客户端还是服务器）。

（2）bulk_cipher_algorithm：用于数据加解密的密码算法。

（3）cipher_type：密码算法类型。

（4）key_size：加密密钥的长度。

（5）key_material_length：密钥材料的长度。

（6）mac_algorithm：用于完整性检验的密码散列算法。

（7）hash_size：密码散列值的长度。

（8）compression_algorithm：用于数据压缩的算法。

（9）master_secret：协商获得的主密钥

（10）client_random、server_random：客户端与服务器产生的随机数。

2）SSL 记录协议的实施过程

SSL 记录协议负责实际数据的完全传输。SSL 记录协议为高层协议提供基本的安全服务，特别是为客户/服务器之间 HTTP 协议提供安全封装与传输服务。

图 5.9 示例了 SSL 记录协议的整个实施过程。首先记录协议接收一个要被传送的应用数据，紧接着将其分段和压缩（可选），加上消息摘要 MAC，利用加密算法进行加密，再加上一个信息作为 SSL 记录的头，最后将得到的数据单元放入底层的 TCP 协议中。TCP 数据到达通信实体的另一端时，首先被解密和验证 MAC，其次解压缩和重组，最后传递给 SSL 协议的高层接收者。

SSL 记录协议的操作流程如下。

（1）分段。将每个上层应用数据进行分段，并限定每个数据段的大小。

（2）压缩。压缩并不是必需的，但是如果选择了压缩，就必须使用无损压缩，从而保证解压缩后的数据和原数据的一致性。压缩后的数据长度不能超过 1024 字节。

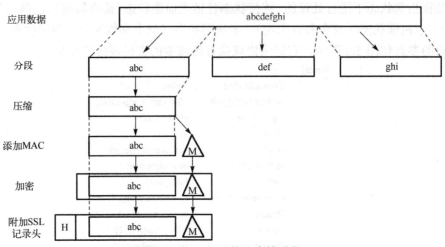

图 5.9　SSL 记录协议实施过程

（3）添加 MAC。根据压缩数据计算出 MAC，此处的 MAC 计算是不可逆的，主要用于通信双方的完整性验证。

（4）加密。使用握手过程中生成的密钥，对压缩后的数据和 MAC 进行加密。

（5）附加 SSL 记录头。在加密块中添加头部信息，SSL 记录头中应包括数据类型、主版本号、次版本号、压缩长度等。

3）SSL 记录协议的封装格式

SSL 记录协议的封装格式如图 5.10 所示。

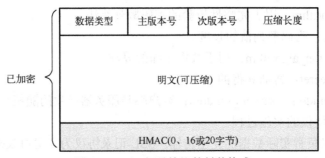

图 5.10　SSL 记录协议的封装格式

（1）数据类型：记录层协议类型，如修改密文规约协议、告警协议、修改密文规约协议或应用数据等，u8。其中，20 代表修改密文规约协议；21 代表告警协议；22 代表握手协议；22 代表应用数据。

（2）主版本号、次版本号：协议版本号，SSL 2.0，u8。

（3）压缩长度：以字节为单位的片段长度，u16，明文或压缩后的长度。

（4）HMAC：基于哈希的消息摘要，即在计算消息摘要时，会利用一个加密密钥，将它和原始数据作为输入，来共同生成一个消息摘要。根据散列算法的不同，消息摘要的长度可为 0、16 或 20 字节。一般地，如果是 MD5 算法，则消息摘要的长度是 16 字节；如果是 SHA-1 算法，则消息摘要的长度为 20 字节；0 表示不进行消息认证。

5.5.2　SSL 告警协议

SSL 告警协议也是使用 SSL 记录协议服务的三个上层协议之一，主要用来传输 SSL
连接过程中的相关告警消息。告警消息按照当前状态压缩和加密。此协议的每条消息由 2
字节组成，如图 5.11 所示。

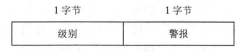

图 5.11　SSL 告警协议格式

第一个字节代表级别，值 1 表示警告，值 2 表示致命错误。如果是一般警告，则发出
警示信息。如果是致命级别的警告，则通信双方应立即关闭本次连接，且需要忘记与该连
接相关的会话标识符、密钥和秘密。第二个字节为警报。通常可能发生的警报值如表 5.1
所示。

表 5.1　错误报警表

错误报警名称	值	级别	描述
Unexpected_message	10	致命	接收到一个合格上下文关系的消息
Bad_record_mac	20	致命	MAC 检验错误或解密错误
Decryption_failed	21	致命	解密失败
Record overflow	22	致命	报文过长
Decompression failure	30	致命	解压缩失败
Handshake failure	40	致命	协商失败
Bad certificate	42		证书被破坏
Unsupported certificate	43		不支持的证书类型
Certificate unknown	46		未知证书错误
Illegal parameter	47	致命	非法参数
Unknown ca	48	致命	根证书不可信
Access denied	49	致命	拒绝访问
Decode error	50	致命	消息解码失败
Decrypt error	51		消息解密失败
Protocol Version	70	致命	版本不匹配
Insufficient security	71	致命	安全性不足
Internal error	80	致命	内部错误
User canceled	90	警告	用户取消操作
No renegotiation	100	警告	拒绝重新协商
Unsupported_site2site	200	致命	不支持 site2site
No_area	201		没有保护域
Unsupported_ areatype	202		不支持的保护域类型
Bad_ibcparam	204	致命	不支持 ibc 公共参数中定义的信息
Identity_need	205	致命	缺少对方的 ibc 标识

在结束通信之前，通信双方通知对方准备连接结束，双方分别向对方发送一个"关闭通知"的警报，双方收到对方的这个警报之后，再向对方返回一个"关闭通知"的警报，然后双方都结束己方的连接。

5.5.3　SSL 修改密文规约协议

SSL 修改密文规约协议（Change Cipher Spec Protocol）用于通知密码规格的改变，即通知对方使用刚协商好的安全参数来保护接下来的数据。其目的是表示密码规格的变化。该协议是 SSL 协议簇中最简单的一个，该协议由单条消息组成，并且只包含 1 字节，通常这个字节的值为 1。该消息的唯一作用是使未决状态复制成为当前状态，并且用于更新当前连接的密钥组。该协议规定，通信双方每隔一定时间就改变加密方式，以保障传输过程的安全性。SSL 修改密文规约协议要使用到 SSL 记录协议所提供的安全服务。

客户端和服务器都要在安全参数协商完毕之后、握手结束之前发送此消息。对于刚协商好的密钥，写密钥在此消息发送之前立即启用，读密钥在收到消息之后立即启用。

5.6　SSL VPN 安全性分析

5.6.1　SSL 心脏滴血漏洞

2014 年 4 月 8 日，互联网爆出了又一重量级安全漏洞，即 CVE-2014-0160，这就是心脏滴血漏洞。它是面向 OpenSSL 的安全漏洞，OpenSSL 是一个强大的开源的安全套接字层密码库，很多支付网站等涉及资金交易的平台都用它来做加密工具，如支付宝、财付通、各种银行网站；此外，带有 https 的网址的网站也使用了这一套工具。这个漏洞一经发现，在当时以 https 开头的网址的网站中，初步评估有不少于 30%的网站存在该漏洞。

OpenSSL 的某个模块存在一个 Bug，当攻击者构造一个特殊的数据包，满足用户心跳包中无法提供足够多的数据会导致 memcpy 把 SSLv3 记录之后的数据直接输出，该漏洞导致攻击者可以远程读取存在漏洞的 OpenSSL 服务器内存中长达 64KB 的数据。也就是说，当攻击者得到这 64KB 数据后，就有可能从数据中得到当前用户的用户名、密码、Cookies 等敏感信息。该数据是远程获取的，也就是攻击者只要在自己的计算机上提交恶意数据包，就能从服务器上取得这些数据。因攻击者可以反复提交，所以能源源不断地得到"新的"64K，理所当然地包含了新的用户信息。

防范手段包括：网站方面，管理员及时下载 OpenSSL 补丁，升级 OpenSSL 1.0.1g，通知用户在升级期间不要登录网站。

5.6.2　SSL v3 漏洞

2014 年，Google 研究人员公布 SSL v3 协议存在一个非常严重的漏洞——SSL v3 漏洞。SSL v3 漏洞允许攻击者发起降级攻击，即欺骗浏览器说服务器不支持更安全的安全传输层（TLS）协议，然后强制其转向使用 SSL v3。

在强制浏览器采用 SSL 3.0 与服务器进行通信之后，黑客就利用中间人攻击来解密 HTTPS 的 Cookies，Google 将其称为 POODLE 攻击。简而言之，若受到 POODLE 攻击，所有在网络上传输的数据将不再加密。

解决办法：强烈建议客户端和服务器双方均禁用 SSL 3.0（图 5.12）。禁用 SSL 3.0 之后，服务器和客户端都将启用更安全的 TLS 协议（TLS 1.0、TLS 1.1 和 TLS 1.2）。

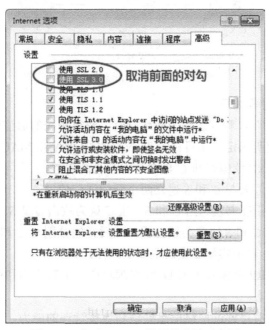

图 5.12　应对 SSL 3.0 漏洞的方法示意图

5.6.3　针对 SSL 协议的中间人攻击

1）SSL Sniffing 攻击原理

中间人攻击（Man-in-the-Middle Attack，MITM）指攻击者与通信的两端分别建立独立的联系，并交换其所收到的数据，使通信的两端认为它们正在通过一个私密的连接与对方直接对话，但事实上整个会话都被攻击者完全控制。一个中间人攻击能成功的前提条件是攻击者能将自己伪装成每一个参与会话的终端，并且不被其他终端识破。针对 SSL 协议的中间人攻击有 SSL Sniffing 攻击和 SSL Strip 攻击两种方式。下面主要介绍 SSL Sniffing 攻击的主要原理。

SSL Sniffing 攻击的原理是：一个网页浏览器能被攻击者攻击的漏洞是和证书中的 Basic Constraint 域值相关的，Basic Constraint 域中有一个路径长度的参数，即一个认证路径中在这个证书之上的 CA 的数量。它限制证书的持有者只可以签发终端实体证书，而不能签发 CA 证书。当浏览器验证证书时如果没有检查 Basic Constraint 这个域值，那么攻击者就可以使用这个证书来签一个伪证书。这个伪证书被客户端看成可信的，客户端就会和中间人攻击者而不是合法的实体建立一个安全通道。

第 5 版 SSL Sniffing 利用 IE 本身的漏洞让叶子证书签发其他的证书。这个漏洞是由于绕过了 Basic Constraint 域验证而产生的。

2）SSL Sniffing 攻击框架

SSL Sniffing 攻击是基于中间人技术实现的。其中中间人用 ARP Cache Poisoning 攻击和 DNS Spoofing 攻击来部署。通过这种方式，客户端和服务器之间的通信被重定向到攻击者的机器上。SSL Sniffing 攻击框架如图 5.13 所示。

图 5.13　SSL Sniffing 攻击框架

SSL Sniffing 攻击过程如下。

（1）攻击者通过侦听 C 和 S 之间的网络通信，获得相应的通信信道。

（2）攻击者通过侦听选定攻击目标 C 获得 C 的 IP 地址和 MAC 地址。

（3）攻击者通过 ARP 欺骗切断 C 与 S 之间的通信信道。

（4）攻击者作为中间人与 C 和 S 建立两个新的通信信道。

（5）攻击者伪造公钥证书发送给 C 和 S，让 C 认为攻击者是 S，让 S 认为攻击者是 C。

（6）攻击者分别与 C 和 S 协商会话密钥，此后开始分别与 C 和 S 进行加密通信。

当然，SSL Sniffing 攻击实施必须具备如下条件。

（1）成功地实施 ARP 欺骗攻击或 DNS 欺骗攻击，把客户端和服务器之间的网络交互流重定向到中间人攻击者。

（2）中间人攻击者有足够的网络信息处理和连接管理的能力，并且有伪造公钥证书的能力。

（3）客户端对服务器的公钥证书不做强认证，服务器不对客户端身份做强认证。

（4）浏览器的用户忽略不合法证书警告。

3）SSL Sniffing 攻击具体实施过程

结合 SSL 协议，SSL Sniffing 攻击具体实施过程如图 5.14 所示。

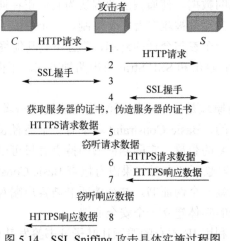

图 5.14　SSL Sniffing 攻击具体实施过程图

从图 5.14 中可以看出，获取服务器证书、伪造服务器证书是成功实施 SSL Sniffing 攻击的关键。为应对 SSL Sniffing 攻击，就要阻止叶子证书签发其他的证书，使其不能绕过 Basic Constraint 域验证，从而避免引起 SSL Sniffing 攻击。

5.7 OPenSSL 分析及其在 VPN 中的应用

5.7.1 OpenSSL 的组成

OpenSSL 是一个开放源代码的 SSL 协议的产品实现，它采用 C 语言作为开发语言，具备了跨系统的性能，支持 Linux、UNIX、Windows、Mac 和 VMS 等多种平台。OpenSSL 项目最早由加拿大的 Eric A. Yang 和 Tim J. Hudson 开发，现在由 OpenSSL 项目小组负责改进和开发，这个小组由全球一些技术精湛的志愿技术人员组成。OpenSSL 最早的版本在 1995 年发布，1998 年后开始由 OpenSSL 项目组维护和开发，目前完全实现了对 SSLv1、SSLv2、SSLv3 和 TLS 的支持。OpenSSL 提供的功能相当强大和全面，囊括了主要的密码算法、常用的密钥和证书封装管理功能以及 SSL 协议，并提供了丰富的应用程序供测试或其他目的使用。

OpenSSL 整个软件包大概可以分成三个主要的功能部分：密码算法库、SSL 协议库以及应用程序。

（1）密码算法库：公开密钥算法、对称加密算法、散列函数算法、X.509 数字证书等标准。

（2）SSL 协议库：使用该库，完全可以建立一个 SSL 服务器和 SSL 客户端。该部分在 Linux 下编译会形成一个名为 libssl.a 的库，在 Windows 下则是名为 ssleay32.lib 的库。

（3）应用程序：各种算法的加密程序和各种类型密钥的产生程序（如 RSA、Md5、Enc 等）、证书签发和验证程序（如 CA、X.509、Crl 等）、SSL 连接测试程序（如 S_client 和 S_server 等）以及其他的标准应用程序（如 Pkcs12 和 Smime 等）。

Openssl 的缺点是文档太少，连一份完整的函数说明都没有，man page 至今也没做完整，如果想用它编程序，除了熟悉已有的文档（包括 SSLeay、mod_ssl、ApacheSSL 的文档）外，可以到它的 maillist 上找相关的帖子，许多问题可以在以前的文章中找到答案。

OpenSSL 的优点是支持 Linux、Windows、BSD、Mac、VMS 等平台，这使得 OpenSSL 具有广泛的适用性。OpenSSL 是开源的，对于程序员来说，OpenSSL 所有的技术实现细节都是可见的，学习应用起来更加方便。

OpenSSL 的核心加解密库 SSLeay 涉及范围广、功能齐全、逻辑合理，打破了美国不允许强加密产品出口的限制。

5.7.2 OpenSSL 的功能

OpenSSL 功能主要包括 5 个。

（1）OpenSSL 提供了主要的密码算法。

主要的密码算法包括对称加密算法、非对称加密算法、信息摘要算法。

　　OpenSSL 提供了 8 种对称加密算法,其中 7 种是分组加密算法,仅有的一种序列加密算法是 RC4。这 7 种分组加密算法分别是 AES、DES、Blowfish、CAST、IDEA、RC2、RC5。虽然每种加密算法都定义了自己的接口函数,但 OpenSSL 还使用 EVP 封装了所有的对称加密算法,使得各种对称加密算法能够使用统一的 API 接口 EVP_Encrypt 和EVP_Decrypt 进行数据的加密和解密,大大提高了代码的可重用性能。

　　OpenSSL 实现了 4 种非对称加密算法,包括 DH 算法、RSA 算法、DSA 算法和椭圆曲线算法(ECC)。如果使用非对称加密算法进行密钥交换或者密钥加密,则使用 EVP_Seal和 EVP_Open 进行加密和解密;如果使用非对称加密算法进行数字签名,则使用 EVP_Sign和 EVP_Verify 进行签名和验证。

　　OpenSSL 实现了 5 种信息摘要算法,分别是 MD2、MD5、MDC2、SHA(SHA1)和RIPEMD。OpenSSL 采用 EVP_Digest 接口作为信息摘要算法统一的 EVP 接口,对所有信息摘要算法进行了封装,提高了代码的重用性。

　　(2)OpenSSL 提供了常用的密钥和证书封装管理功能。

　　OpenSSL 支持多种标准的密钥和证书。OpenSSL 实现了 ASN.1 的证书和密钥相关标准,提供了对证书、公钥、私钥、证书请求以及 CRL 等数据对象的 DER、PEM 和 BASE64的编解码功能。OpenSSL 提供了产生各种公开密钥对和对称密钥的方法、函数和应用程序,同时提供了对公钥和私钥的 DER 编解码功能。OpenSSL 在标准中提供了对私钥的加密保护功能,使得密钥可以安全地进行存储和分发。OpenSSL 实现了对证书的 X.509 标准编解码、PKCS#12 格式的编解码以及 PKCS#7 的编解码功能。

　　OpenSSL 支持证书的管理功能,包括证书产生、证书签发、吊销和验证等功能。事实上,OpenSSL 提供的 CA 应用程序就是一个小型的证书管理中心(CA),实现了证书签发的整个流程和证书管理的大部分机制。

　　(3)OpenSSL 实现了 SSL 协议。

　　OpenSSL 实现的 SSL 协议是开放源代码的,可以追究 SSL 协议实现的每一个细节。OpenSSL 实现的 SSL 协议是纯粹的 SSL 协议,没有跟其他协议(如 HTTP)协议结合在一起,表明了 SSL 协议的本来面目。由于 SSL 协议现在经常跟 HTTP 协议在一起应用形成HTTPS 协议,所以很多人误认为 SSL 协议的目的是保护 Web 安全性。

　　OpenSSL 实现了 SSL 协议的 SSLv2、SSLv3 和 TLSv1.0,支持了其中绝大部分算法协议。OpenSSL 除了提供使用 SSL 协议和 TLS 协议的 API 接口函数之外,还提供了两个不错的应用程序 S_Client 和 S_Server。S_Client 模拟了一个 SSL 客户端,可以用来测试 SSL服务器,如 IIS 和带 mod_ssl 的 Apache 等;S_Server 模拟了一个 SSL 服务器,可以用来测试 SSL 客户端,如 IE 和 Netscape 等。事实上,由于 SSL 协议是开放源代码的,S_Client和 S_Server 程序的源代码还是很好的 OpenSSL 的 SSL 接口 API 的使用例子。

　　(4)OpenSSL 提供丰富的应用程序供测试或其他目的的使用。

　　OpenSSL 的应用程序是基于 OpenSSL 的密码算法库和 SSL 协议库写成的,所以也是一些非常好的 OpenSSL 的 API 使用范例。OpenSSL 的应用程序主要包括密钥生成、证书管理、格式转换、数据加密和签名、SSL 测试以及其他辅助配置功能。OpenSSL 的应用程序提供了相对全面的功能,可以把应用程序当作 OpenSSL 的指令。

例如，制作 RSA Private Key，其命令如下：

```
openssl genrsa -des3 -out /etc/ssl/private/myrootca.key.pem 2048
chmod og-rwx /etc/ssl/private/myrootca.key.pem
```

填写证书申请书的命令如下：

```
openssl req -new -key /etc/ssl/private/myrootca.key.pem -out /tmp/
myrootca.req.pem
```

（5）Engine 机制。

由于 OpenSSL 库中封装的加解密算法种类有限以及密码算法库 SSLeay 在安全性上存在缺陷，越来越多的软硬件开发商通过开发出以硬件形式提供的加解密算法模块，来保证产品在使用过程中的安全性。为了让用户自定义的加解密算法模块成功加载到 OpenSSL 库并使用，主要采用两种方法：第一种是对 OpenSSL 内部协议进行修改，将加解密算法的动态链接接口全部替换成自定义的密码模块接口；第二种是单纯地用外部密码模块去替换 OpenSSL 库中默认的底层加解密库 SSLeay，而保留 OpenSSL 的链接接口。第二种方法减少了工作量，不用修改代码就能快速实现，这种方法称为 Engine 机制，即通过建立 OpenSSL 的引擎机制来连接 OpenSSL 库。

Openssl 从 0.9.6 版开始支持 Engine 机制，起初普通版本与支持 Engine 的版本是分开分布的，到了 0.9.7 版，Engine 机制就集成到了 OpenSSL 的内核中。

Engine 机制的目的是使 OpenSSL 能够透明地使用第三方提供的软件加密库或者硬件加密设备进行加密。Engine 机制的功能跟 Windows 提供的 CSP 功能目标类似。

Engine 机制的原理是利用用户自定义编译的加解密算法模块的指针或者硬件接口，替换原先在 OpenSSL 库中默认的密码函数，从而达到应用程序动态加载第三方提供的密码库的目的。

除上述 5 个功能以外，OpenSSL 还包括其他辅助功能，在此就不一一赘述了。

第 6 章　Socks VPN 技术

Socks VPN 技术工作在传输层与应用层之间,采用代理技术实现会话连接的安全转发,以此实现 VPN 的构建,适用于接入安全访问。本章重点讲述 Socks VPN 的基本原理以及 Socks5 协议。

6.1　Socks VPN 的产生背景

Socks 的产生要追溯到代理防火墙的产生。防火墙是置于不同网络安全域之间的一系列部件的组合,是不同信任网络域之间通信流的唯一通道,能根据有关的安全策略控制(允许、拒绝、监视、记录)进出网络的访问行为。通常情况下,防火墙主要通过网络层数据包过滤,对数据包进行进入、外出控制,也就是通常所指的包过滤防火墙。包过滤防火墙的控制粒度在网络层、传输层协议头部分,难以对传输层以上的层进行过滤,同时这样的防火墙无法提供用户级的身份认证,即无法依据用户身份授予相应的权限以进行访问控制,更无法对数据包中的病毒、木马、恶意代码、动态插件以及敏感词汇等进行有效过滤,从而使得被保护的网络受到感染以及非法的访问。为了弥补包过滤防火墙的缺点,产生了代理防火墙。

代理防火墙工作在应用层与传输层之间。代理防火墙接收到用户的访问请求后,对访问请求进行核实,然后将处理后的请求转发给真实的服务器,在接收到真实服务器应答,并做进一步处理后,再将应答转发给请求的用户。代理防火墙在内外网之间起到了转接的作用,所以代理防火墙也可称作应用层网关。代理防火墙可进行应用服务协议的解析操作,为每一个协议提供代理服务,实现全面的检测,相比于包过滤防火墙来说,能进行更加细粒度的访问控制。例如,FTP 代理、HTTP 代理、电子邮件代理等,通过与攻击特征库匹配,可以实现更深的安全检测。但代理防火墙也存在着为每一个服务对应一个代理的局限性,这使得代理防火墙的可扩展性较差。为解决这种可扩展性差的问题,又产生了另一种代理技术,即 Socks 协议,采用 Socks 协议代理用户访问的防火墙称为 Socks 防火墙。

Socks 与 HTTP 代理、FTP 代理等应用层代理不同,它只是简单地转发数据包,而不关心何种应用协议。由于 Socks 协议提供了一个完整的框架,具有身份认证、密钥协商以及协议封装等功能,因此,Socks 协议可以协商用户和 Socks 服务器之间的安全通道,在该安全通道的保护下,实现对传输数据的加密、认证、访问控制等处理,从而可以实现类似于 VPN 的功能,达到远程安全接入访问的目的。业界也将采用 Socks 协议实现远程安全接入访问,称这种技术为 Socks VPN 技术。

6.2　Socks VPN 基本原理

6.2.1　Socks 工作层次

Socks 为防火墙安全会话转换协议，工作在应用层与传输层之间，确切地说工作在会话层，如图 6.1 所示。

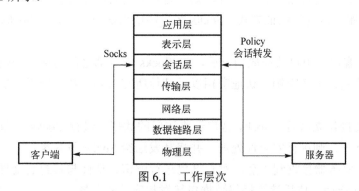

图 6.1　工作层次

Socks 协议不是一个典型的 VPN 协议，它通常充当防火墙的角色，用于内外网络的隔离访问，它使用的端口为 1080。但是，Socks 也提供了 VPN 所具有的认证和加密特性，可转发所有高层应用，对操作系统无限制，同样可用于客户端接入访问内部服务器。尤其是Socks5，它相当于在应用层和传输层之间垫了一层，设计了 Socks 库和 Sockd 守护程序，它提供细粒度的访问控制、可隐藏网络结构以及加密、认证等功能，但是，不支持 ICMP转发，同时，相比底层协议，性能较差，必须制定更为复杂的安全管理策略，最适合于客户端到服务器的连接模式。

6.2.2　Socks VPN 工作过程

Socks VPN 主要由 Socks 客户端和 Socks 服务器组成，Socks 服务器代理 Socks 客户端访问被保护的应用服务器，如图 6.2 所示。

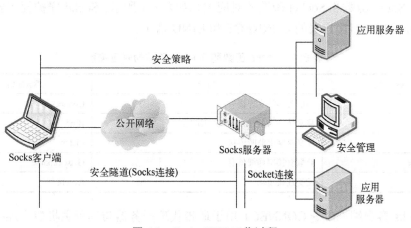

图 6.2　Socks VPN 工作过程

在 Socks VPN 中，Socks 客户端和 Socks 服务器为 VPN 实体，Socks 客户端和内部应用服务器、安全管理平台等为 VPN 成员。Socks 客户端和 Socks 服务器之间建立的安全隧道为 Socks 连接，Socks 服务器和应用服务器之间为 Socket 连接，Socks 客户端和应用服务器之间为安全策略。当用户发起对内部网络的接入访问时，采用 Socks 协议的工作过程如下。

（1）Socks 客户端发起连接请求，请求到达 Socks 服务器后，Socks 服务器判别该连接请求是否符合接入访问策略，若不符合，则拒绝；若符合，则进行身份认证。

（2）Socks 服务器选择认证方式，Socks 客户端依据认证方式，向 Socks 服务器进行接入的认证。

（3）Socks 客户端用户认证成功以后，与 Socks 服务器之间协商安全隧道参数，如加密算法、认证算法、加密密钥、认证密钥以及其他所需密码参数，用于对后续数据传输的安全保护。

（4）安全连接建立以后，Socks 客户端将访问的数据包进行 Socks 协议封装，若进行加密与完整性处理，则进行安全性处理，并将其发送给 Socks 服务器。

（5）Socks 服务器接收到以后，对数据包进行解密、认证与解封装处理，并建立与应用服务的 Socket 连接，依托该连接将数据包转发相应的服务器。

（6）应用服务器响应包返回给 Socks 服务器时，Socks 服务器进行相反的操作，将 Socks 协议封装包发送给 Socks 客户端。

至此完成通信。

6.3　Socks 协议

6.3.1　Socks 框架

Socks 采用 C/S 模型进行交互，包括 Socks 客户端和 Socks 服务器。Socks 库安装于客户端，为 Socket 库的替代品，所有使用 Socks 的程序都必须将 Socket 函数调用更改为 Socks 函数调用。Socks 函数和 Socket 函数的对应关系如表 6.1 所示。Sockd 守护程序安装于服务器，接收并处理来自客户端的 CONNECT 和 BIND 请求。

表 6.1　Socks 函数和 Socket 函数的对应关系

Socks 函数	功能	Socket 函数
Rconnect	与服务器建立连接	Connect
Rbind	将套接字与 IP 地址和端口绑定	Bind
Rlisten	在套接字上监听连接	Listen
Rgetsockname	获取套接字详细信息	Getsockname
Raccept	接受连接请求	Accept

在 Socks 客户端，命令 CONNECT 用于通告代理服务器与远程主机建立连接，调用函数为 Rconnect，命令 BIND 用于通告服务器接收来自某个远程主机的连接请求，调用函数

为 Rbind、Rlisten 和 Raccept。

1）CONNECT 命令处理

使用 Socks 客户端和远程主机建立连接时，CONNECT 命令处理过程如图 6.3 所示。

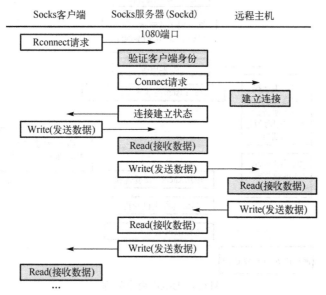

图 6.3　CONNECT 命令处理过程

（1）客户端调用 Rconnect 函数，指明了远程主机的 IP 地址和端口。

① 与 Socks 服务器的 1080 端口建立连接。

② 发送 CONNECT 请求消息。

（2）服务器的 Sockd 验证客户端的身份，验证通过后使用 Connect 与远程主机建立连接。

（3）服务器的 Sockd 向客户端返回连接状态。

（4）若连接成功，则服务器作为数据的中转站。

2）BIND 命令处理

使用 Socks 代理时，客户端通告 Socks 服务器接收远程主机的连接请求过程如下。

（1）利用 CONNECT 命令建立了到远程主机的"主连接"。

（2）Socks 客户端调用 Rbind 函数向 Socks 服务器发送请求。

① 通过三次握手与 Socks 服务器建立连接。

② 向 Socks 服务器发送 BIND 请求消息，其中包含了远程主机 IP 地址。

BIND 处理过程如图 6.4 所示。

（3）Socks 服务器验证客户端身份，若验证通过，则进行以下操作。

① Socks 服务器在本地创建套接字，绑定一个 IP 地址和本地端口，用以接收远程主机的连接请求，把 IP 地址和本地端口的绑定信息返回给客户端，并在该套接字上监听远程主机的连接请求。

② 客户端通过主连接向远程主机通告 Socks 服务器绑定的 IP 地址和本地端口，然后调用 Rlisten 在本地监听连接请求。

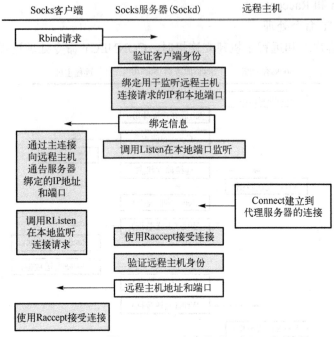

图 6.4　BIND 命令处理

③ 远程主机向客户端通告的 IP 地址和端口号发出连接请求。

④ Socks 服务器将远程主机发来的信息中的源地址与客户端 BIND 请求中包含的地址进行比较，如果一致，则接受请求并通告客户端；否则拒绝连接，并向客户端返回错误应答。

⑤ 客户端收到 Socks 服务器转发的连接请求后，调用 Raccept 接受连接，开始数据投递过程。

6.3.2　Socks 协议及交互过程

Socks v5 协议是在 Socks v4 的基础上设计而来的，增加了强认证机制与对 UDP 协议的支持，其工作过程如图 6.5 所示。其中，虚框内的部分为 Socks v4 协议部分，虚框以外为 Socks v5 增加的部分。

当客户端与应用服务器之间采用 Socks v5 协议进行通信时，需经过以下几个步骤。

（1）Socks 客户端与 Socks 服务器建立连接。

当用户请求访问应用服务器时，Socks 客户端截获访问请求，判别是否需要采用 Socks 进行访问，若采用，则调用 CONNECT，与 Socks 服务器建立 Socks 连接，Socks 服务器连接端口为 1080。

（2）认证方法协商。

Socks 连接建立以后，Socks 客户端和 Socks 服务器之间将为使用的认证方法进行协商，随后采用该认证方法对客户端进行身份的认证。

Socks 客户端向 Socks 服务器发送认证方法选择请求报文，如图 6.6 所示，用于服务器选定认证方法。

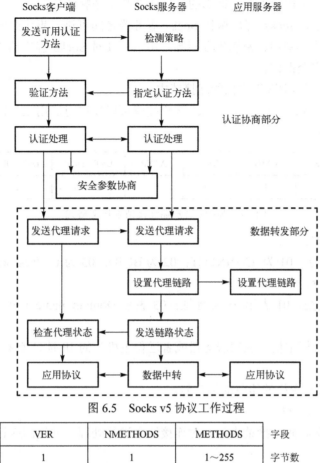

图 6.5　Socks v5 协议工作过程

VER	NMETHODS	METHODS	字段
1	1	1~255	字节数

图 6.6　认证方法选择请求报文格式

VER 为协议版本，由于采用的是 Socks v5 协议，所以 VER 为 5；NMETHODS 为认证方法数目；METHODS 为认证方法的标识集合，标识的数目即为 NMETHODS 的值。

Socks 服务器选定认证方法，向 Socks 客户端返回应答报文，如图 6.7 所示。

VER	METHOD
1	1

图 6.7　认证方法选择应答报文格式

VER 为协议版本。METHOD 为选定的方法。METHOD 取值：00 表示不需要认证；01 表示 GSSAPI 认证；02 表示用户名/口令认证；FF 表示没有可接受的认证方法。

（3）依据选定的认证方法进行认证。

Socks 客户端依据选定的认证方法对 Socks 服务器进行认证。如果客户端和服务器协定使用用户名/口令认证方法，则客户端向服务器发送认证请求报文，报文中包括了用户名和口令；服务器验证用户名和口令，并根据验证结果返回应答报文。若采用通用安全服务应用程序接口（Generic Security Service Application Program Interface，GSSAPI）认证，则可在 GSSAPI 服务下进行基于数字证书的认证或者基于令牌的认证。

在认证的基础上，Socks 客户端和 Socks 服务器之间可进一步协商安全服务参数，如加密算法、认证算法、密钥、密钥生存期等，用于后续对 Socks 客户端和 Socks 服务器之间的通信数据进行安全保护。

（4）访问应用服务器/远程主机的连接请求。

对 Socks 客户端认证成功后，Socks 客户端就可以发送对应用服务器的连接请求，请求报文如图 6.8 所示。

VER	CMD	RSV	ATYP	DST.ADDR	DST.PORT
1	1	X'00	1	Variable	2

图 6.8　Socks 客户端连接请求报文格式

VER：协议版本。

CMD：连接命令，01 为 CONNECT；02 为 BIND；03 为 UDP associate。

RSV：预留字段。

ATYP：地址类型，01 表示 IPv4 地址；03 表示 Domain name（域名）；04 表示 IPv6 地址。

DST.ADDR：目标主机（应用服务器或者远程主机）的 IP 地址或者域名。Variable 表示可变的。

DST.PORT：目标主机的服务的端口号。

（5）Socks 服务器应答。

Socks 服务器接收到连接请求后，对连接请求进行处理，并返回应答报文。应答报文格式如图 6.9 所示。

VER	REP	RSV	ATYP	BIND.ADDR	BIND.PORT
1	1	X'00	1	Variable	2

图 6.9　Socks 服务器应答报文格式

VER、RSV、ATYP 同上述。

REP：应答状态码。00 为成功；01 为 Socks 服务器故障；02 为连接不被允许；03 为网络不可达；04 为主机不可达；05 为连接被拒绝；06 为 TTL 过期；07 为命令不被支持；08 为地址类型不被支持；09-FF 为未分配。

BIND.ADDR：绑定的地址。

BING.PORT：绑定的端口。

BIND.ADDR 和 BING.PORT 的用途根据请求命令类型的不同而不同。

① CONNETC 命令。

若为 CONNECT 命令，那么 BIND.ADDR 和 BIND.PORT 为 Socks 服务器接受远程主机/应用服务器连接而分配的 IP 地址和端口号。这个 IP 地址和端口号与 Socks 客户端连接的 Socks 服务器的 IP 地址和端口号不同。Socks 服务器可依据 DST.ADDR、DST.PORT、客户端源地址和端口来分析一个 CONNECT 请求。

② BIND 命令

若为 BIND 命令，Socks 服务器向 Socks 客户端发送两次应答报文。在 Socks 服务器创建并且绑定一个新的 Socket 后向 Socks 客户端发送第一次应答报文，该应答报文中的 BIND.PORT 包含了 Socks 服务器分配的用来侦听一个接入连接的端口号，同时 BIND.ADDR 包含了与之相应的 IP 地址。Socks 客户端通过已经建立的主连接将这些信息通知给远程主机/应用服务器，以便于它连接指定地址的 Socks 服务器。在远程主机/应用服务器连接 Socks 服务器后，比较该 Socks 服务器的地址和端口是否与 Socks 客户端请求的地址和端口相同，若相同，则说明是正确的连接，此时向 Socks 客户端发送第二次应答报文，应答报文中的 BIND.ADDR 和 BIND.PORT 包含了 Socks 服务器为中继报文所创建与绑定的 Socket 的地址和端口。

（6）报文中继。

若（5）中的应答状态码是 00，则 Socks 服务器就可在 Socks 客户端与远程主机/应用服务器之间中转数据。中转的数据在 Socks 服务器和 Socks 客户端之间被安全保护。

6.3.3　Socks 的 UDP 支持

Socks 为支持 UDP 协议，设置了 UDP associate 命令。当客户端访问 UDP 应用时，Socks 客户端首先初始化一个到 Socks 服务器的 TCP 连接，在认证之后发送 UDP associate 请求，建立 UDP 连接，DST.ADDR 和 DST.PORT 为 Socks 客户端发送及接收 UDP 数据报文所使用的地址和端口号，Socks 服务器可以采用这些信息限定该连接的访问。当 Socks 服务器发送应答报文时，Socks 服务器创建并绑定一个新的 Socket，分配 BIND.ADDR 和 BIND.PORT，用于转发 UDP 会话。TCP 连接在 UDP 数据发送和接收的生存期内一直保持着，TCP 连接终止后，Socks UDP 会话也就结束了，如图 6.10 所示。

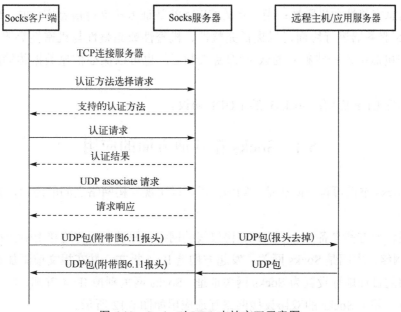

图 6.10　Socks 对 UDP 支持交互示意图

Socks 客户端发送到 Socks 服务器的每一个 UDP 包都需携带一个 UDP 请求的报头，如图 6.11 所示。

RSV：保留字段，值为 X'00。

RSV	FRAG	ATYP	DST.ADDR	DST.PORT	DATA
2	1	1	Variable	2	Variable

图 6.11　Socks 转发数据附带的报头

FRAG：当前的分片号。

ATYP：地址类型。

DST.ADDR、DST.PORT：目标地址、目标端口号。

DATA：用户数据。

6.3.4　Socks5 的特点

Socks 协议具有以下特点。

（1）强壮的认证机制技术：Socks5 增加对强有力的认证的支持。有两个与 Socks5 相关的标准支持两种认证方法：①Username/Password 认证；②通用安全服务应用程序接口（GSSAPI）认证。另外，Socks5 还提供了认证方法的扩展接口，通过该扩展接口可以实现认证机制和 Socks 协议的分离。

（2）地址解析代理：Socks5 的内部的地址解析代理简化 DNS 管理并实现 IP 地址的隐藏和转化。Socks5 客户可传送域名而非解析后的地址到 Socks5 服务器，而服务器为客户进行地址解析。

（3）信息完整性和机密性：当选定的 GSSAPI 认证方法支持信息安全时，Socks5 客户可与 Socks5 服务器进行协商，以提供完整性、机密性或完整性与机密性等服务。同时。经扩展认证机制引入一些独立的认证/保密机制后，也可以保证信息数据传输的可靠性和保密性。

（4）代理 UDP 应用：Socks5 支持 UDP 协议。

6.4　Socks 在其他方面的应用

采用 Socks 不仅可构建防火墙、VPN，还可以实现异构网络之间的通信，如 IPv6 穿越 IPv4 网络。

如果通信双方都具备 IPv4 和 IPv6 协议栈的网络，假设发起方连接 IPv4 网络，回应方连接 IPv6 网络，中间是 Socks 网关。发起方构造 IPv6 报文，并在报文前添加 IPv4 首部，该报文首部的目标地址设置为 Socks 网关地址。Socks 网关剥掉 IPv4 首部，把 IPv6 报文发送给回应方。基于 Socks 的双协议栈网络互通应用如图 6.12 所示。

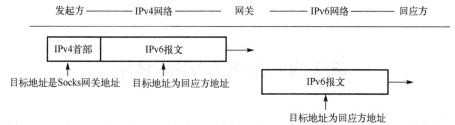

图 6.12　基于 Socks 的双协议栈网络互通应用示意图

如果通信双方只有一个协议栈，且分别是 IPv4 和 IPv6，可使用基于 Socks5 的 IPv4/IPv6 网关实现互通。因为 Sock5 支持基于域名的寻址方式，可以屏蔽两类地址的差异，如图 6.13 所示。

图 6.13　基于 Socks 的单协议栈网络互通应用示意图

假设客户端使用 IPv4 协议栈，远程主机使用 IPv6 协议栈，工作过程如下。

（1）通信前，网关知道通信双方的域名，并调用域名解析函数获取双方的 IP 地址。

（2）Socks 库收到域名解析请求后，向应用返回伪造的 IP 地址，形式通常为 0.0.0.*，并维护域名与该 IP 的映射关系。

（3）应用调用 Socks 库函数建立与远程主机的连接，并把目标地址设置为该伪造的 IP 地址。

（4）Socks 库收到请求后，根据本地维护的域名/IP 地址映射关系，找到对应的域名。

（5）Socks 客户端与 Socks 服务器建立连接，并发送 CONNECT 命令，其中包含目标域名。

（6）服务器收到请求后，验证客户端身份，然后查询域名找到对应的 IP 地址。

（7）服务器与找到的 IP 地址建立连接，并把连接状态通告给客户端。

（8）随后的通信中，网关将利用 Socks 服务器转发客户端和远程主机之间的通信量。

第 7 章　MPLS VPN 技术

基于 MPLS 的 VPN 不像传统的 VPN 依赖封装和加密机制,而是利用巧妙的转发和包标记来隔离客户信息并创建安全信道。它工作在数据链路层与网络层之间,依靠硬件进行转发,具有转发速度快的优点,是一种通常用于运营商构建安全路径的 VPN 解决方案。本章先从 MPLS 协议简介、工作原理、标记及应用等方面对 MPLS 协议进行介绍,再对 MPLS VPN 及其 QoS 进行重点描述,使大家对 MPLS VPN 有一个较深的认识。

7.1　MPLS 协议简介

MPLS 是一种基于标记(Label)机制的包交换技术,通过简单的第二层交换来集成 IP 路由的控制。MPLS 属于第三代网络架构,是 IP 高速骨干网交换标准,由因特网工程任务组(Internet Engineering Task Force,IETF)所提出,由 Cisco、ASCEND、3Com 等网络设备大厂所主导。MPLS 是 IP 和异步传输模式(Asynchronous Transfer Mode,ATM)融合的技术,它在 IP 中引入了 ATM 的技术和概念,同时拥有 IP 和 ATM 的优点与技术特征。

7.1.1　ATM 和 IP 技术及其特点

依传统而言,交换分为两大类:电路交换和分组交换(也称为包交换)。其中电路交换主要采用时分复用技术,属于第二层的帧交换,传统的电信网(PSTN 公共交换电话网、GSM 移动网)就是使用电路交换技术的典型代表;而分组交换采用统计复用技术,利用存储转发技术实现第三层的包交换(实质上是路由),计算机通信领域中的 Internet 是使用分组交换技术的典型代表。

ATM 起源于 1983 年美国贝尔研究所 John Tumer 提出的快速分组交换(FPS)和 1984 年法国电信提出的异步时分交换(ATD),因此 ATM 交换综合了电路交换和分组交换的优点。而 ATM 采用定长标记,并通过异步时分复用技术把不同用户和不同业务的信元变成连续的比特流,送入 ATM 交换机,交换机通过硬件实现选路和信元转发,从而大大提高了信息转发容量和转发速度;同时 ATM 又是一种面向连接的交换技术,用户进行通信前必须先申请虚路径,提出业务要求,如峰值比特率、平均比特率、突发性、质量要求、优先级等,网络根据用户要求和资源的带宽,通过统计复用技术实现网络资源的充分利用。ATM 基本部署如图 7.1 所示。

ATM 技术的优点是支持高速综合业务,且它是面向连接的,能够保证服务质量(QoS)。但是,ATM 协议相对复杂,且 ATM 网络部署成本高,这使得 ATM 技术很难普及;从应用角度看,由于 ATM 网络与 IP 网络是分别开发的,相互之间关系不大,因而与上层应用结合得不太好。

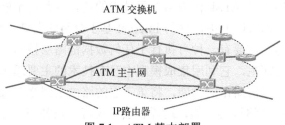

图 7.1 　 ATM 基本部署

此外，ATM 在 20 世纪 90 年代中期成为骨干网的主流，但技术和用户的需求都在不断地发生变化。在话音通信方面，AAL1 电路仿真方式在今天的技术背景下已不再有效，而采用 VBR 和 AAL2 传送语音目前标准还不完善；在 LAN 方面，由于千兆以太网的快速崛起，ATM 的优势不复存在；在广域网方面，ATM 也受到来自帧中继等技术的竞争；在标准方面，制定 ATM 规范的 ATM 论坛一直在通过各种手段向 ATM 中容纳新的内容，以保证 ATM 成为未来通信统一的平台，从而使得 ATM 技术异常复杂，也使得标准化的过程非常缓慢。

传统的 IP 分组交换机制在每一跳分析 IP 头，进行路由查找，找到下一跳，并进行转发，如图 7.2 所示。该机制中所有路由器都需要通过路由协议知道整个网络的所有路由，且在经过每一跳时，必须进行路由表的匹配查找。它的特点是无连接，尽最大努力投递，且与上层应用结合得比较好。但缺点也显而易见，因报文的传递依靠逐跳查找路由表，所以速度慢、时延大，实现 QoS、流量工程等比较困难，而实时业务对时延、抖动和传输质量等有特别的要求，因此，随着 Internet 规模和用户数量的迅猛发展，如果不采取新的方法改善目前的网络环境，就无法大规模发展新业务。

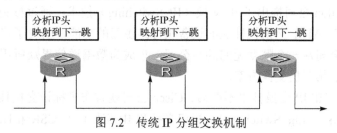

图 7.2 　 传统 IP 分组交换机制

7.1.2 ATM 和 IP 的结合

由于 IP 技术和 ATM 技术在各自的发展中都遇到了实际困难，需要相互借鉴，所以这两种技术的结合有着必然性。结合期间，先后出现了重叠模型（如局域网仿真（LANE））和集成模型。重叠模型主要解决"如何实现 IP 与 ATM 技术的相互操作"问题，将 IP（第三层技术）建立在 ATM（第二层技术）之上，但对两个分立的网络进行管理过于复杂，服务器进行地址解析时会造成传输瓶颈，并且网络可扩展性较差，不适于在广域网中应用。集成模型主要解决"怎样有效集成传统的第二层技术与第三层技术的最优属性"的问题，不再使用第二层信令与路由协议，而在 ATM 网络内使用现有的网络层路由协议为 IP 分组包选择路由，使 IP 网络获得 ATM 的选路功能，从而构建一个高速而经济的多层交换路由器。但这种模型仅适用于以 ATM 作为第二层技术的传输链路，不能工作在其他媒体（如帧中继、点对点协议、以太网）中，这与 Internet 基于分组的发展方向相矛盾。

为了解决上述问题，需要有一种可执行于任何数据链路层技术上的被众多厂商共同遵循的标准。MPLS 应运而生，它利用集成模型中已有技术的主要思想与优势，有机地结合了第二层快速交换和第三层路由的功能，将第三层的路由在网络的边缘实施，将第二层快速交换技术在 MPLS 的网络核心实施，这样各层协议可互相补充，充分发挥第二层高速流量管理以及第三层"Hop-By-Hop"灵活路由管理的功能，实现端到端的 QoS 保证。

MPLS 与 IP、ATM 的关系如图 7.3 所示。MPLS 技术将控制与转发完美分离，控制层面秉承了 IP 的灵活性，转发层面则秉承了 ATM 的可靠性。MPLS 技术是结合第二层交换和第三层路由的集成数据传输技术，即将第三层的路由选择功能与第二层的交换功能综合在一起。它不仅支持网络层的多种协议，还可以兼容第二层的多种数据链路层技术。

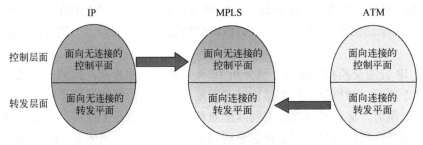

图 7.3　MPLS 与 IP、ATM 的关系

7.1.3　MPLS 的提出

1996 年，Ipsilon 公司推出了 IP 交换（IP Switching）技术，通过标记交换数据包，IP交换技术能使具有 ATM 交换机性能的设备执行路由器的功能，引发了路由器技术的一次大革命。Ipsilon 公司从一个默默无闻的小公司一举成为数据通信界众所周知的公司，各公司纷纷推出自己的第三层交换方案。

就在 Ipsilon 宣布 IP 交换技术不久后，Cisco 公司就宣布了标记交换技术，不过当时的叫法是"标签交换"（Tag Switching）。标记交换和 IP 交换以及 CSR 相比，在技术上差别很大。例如，在交换机上，它并不以数据流量来设置前向表，并且不同于 ATM 网络的是，对于很多的数据链路层技术来说，它提供了详尽具体的说明。和 Ipsilon 公司相同的是，Cisco公司提出了大量的 Internet 草案用来说明标记交换技术的各个方面，最终促成了 IETF 的MPLS 工作组的成立，以及 MPLS 技术的标准化。

IBM 公司提出了集中式基于路由的 IP 交换技术（Aggregate Route-Based IP Switch，ARIS）。

1997 年，IETF 提出了 MPLS 标准，以 Cisco 公司的标签交换为基础而又综合各家之长。

MPLS 最初是为了提高路由器的转发速度而提出的一个协议，MPLS 通过标记交换的转发机制，将 IP 技术与下层技术结合在一起，可解决高速交换、QoS 控制、流量控制等问题。它的优势在于利用了网络体系结构模型中第二层的高性能、第三层的可扩充性和灵活性，以及流量管理功能，降低了管理复杂性和操作成本。

目前路由器转发速度已经不再是瓶颈，MPLS 由于在流量工程（Traffic Engeering）和 VPN 两项技术中表现突出，已日益成为扩大 IP 网络规模的重要标准，目前的方向是将它作为一种骨干路由和 VPN 解决方案。

7.2　MPLS 基本工作原理

7.2.1　MPLS 的基本工作流程

MPLS 是一种集标记交换和网络层路由技术于一身的标准化的路由与交换技术平台，可看作位于传统的第二层协议与第三层协议之间，其上层协议与下层协议可以是当前网络中存在的各种协议，所以称为多协议；同时 MPLS 网络中的每一个节点将依据分组所携带的标记来对分组进行硬件交换，故称为标记交换。

MPLS 对打上固定长度"标记"的分组用硬件进行转发，使分组转发过程中省去了每到达一个节点都要查找路由表的过程，因而分组转发的速率大大加快。MPLS 中的交换是指在转发分组时不再上升到第三层用软件分析 IP 首部和查找转发表，而是根据第二层的标记用硬件进行转发。

MPLS 网络由核心部分的 LSR（标记交换路由器）和边缘部分的 LER（边缘交换路由器）组成。LER 实现 IP 数据包的分类、过滤、安全和转发等功能，提供服务质量、流量控制、虚拟专用网、组播等功能。当数据包（可为以太网、令牌环、ATM、帧中继等产生的数据）进入 LER 时，LER 先进行数据包头的分析，根据一定的规则和协议（如标记分配协议（LDP）、最短路径算法 OSPF、边界网关协议 BGP4、内部网关协议（IGP）等）决定相应的优先级和 QoS 要求，预先建立数据的传送路径 LSP（标记交换路径），并根据所做决定给数据包加上一个本地标记交换路径标识符，将 IP 数据包采用标记标识符标识，然后将数据包沿所标识的 LSP 传送给相应的核心路由器 LSR，后续的 LSR 只需读取标识符，使用固定长度的标记查找路由表，并沿着由标识符所确定的 LSP 转发数据包即可，从而大大减轻了核心节点的处理负担，加快了数据包转发的速度，减少时延和时延抖动，增加了网络的吞吐能力。MPLS 工作原理如图 7.4 所示。

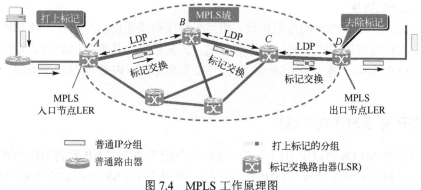

图 7.4　MPLS 工作原理图

MPLS 的基本工作流程可以分为以下 4 个步骤。

（1）建立路由表和标记映射表。LDP 与传统路由协议（OSPF 等）一起，在各个标记交换路由器（LSR）中为有业务需求的转发等价类（Forwarding Equivalence Class，FEC）建立路由表和标记映射表。

（2）MPLS 入口处理。入口 LER 在接收到用户数据包后，完成三层转发功能，判定分组所属的转发等价类，并给分组打上相应的标记以形成 MPLS 标记分组。

（3）MPLS 数据转发。在 LSR 组成的 MPLS 网络中，LSR 对标记分组不再进行三层处理，只依据分组标记以及标记转发表对其进行转发。

（4）MPLS 出口处理。在 MPLS 出口 LER 上，将分组中的标记去掉后继续进行转发。

7.2.2　MPLS 中的一些重要概念

1）转发等价类

MPLS 实际上是一种分类转发技术，它将具有相同转发处理方式（目的地相同、使用的转发路径相同、具有相同的服务等级等）的分组归为一类，这种类别就称为转发等价类。转发等价类的划分只需要在边缘设备上进行一次。属于相同转发等价类的分组在 MPLS 网络中获得完全相同的处理。

FEC 和标记具有一一对应的关系。在 LDP 的标记绑定过程中，各种转发等价类将对应于不同的标记，属于同样 FEC 的分组都指派同样的标记。具有相同特性（转发等价类）的报文将被导入到同一条 LSP（标记交换路径）。

2）标记

标记是一个短的、易于处理的、长度固定的、只具有本地意义的标志，它用于唯一标志一个分组所属的转发等价类，决定标记分组的转发方式。

3）标记交换（在 MPLS 中，标签与标记有相似之处）

MPLS 网络中的每一个节点将依据标记分组所携带的标记，对标记分组进行硬件交换，这种方式称为标记交换，这种方式的好处是可以提高分组的处理与转发速度。

4）标记交换路径

标记交换路径是使用 MPLS 协议建立起来的分组转发路径。这一路径由标记分组源 LSR 与目的 LSR 之间的一系列 LSR 以及它们之间的链路所构成。

5）标记分配协议

标记分配协议是 MPLS 的控制协议，相当于传统网络中的信令协议，是 MPLS 的技术核心。它负责转发等价类的定义、标记的分配、分配结果的传输、LSP 的建立和维护等一系列操作。LDP 实际上是一个 LSR 向其他 LSR 发布标记、FEC 映射时使用的一系列过程和消息。

7.2.3　LDP 会话的建立与维护

LDP 协议是 MPLS 协议中专门用来实现标记分配的协议。LDP 要利用路由转发表中的信息来确定如何进行数据转发。LDP 协议包括一组用于在 LSR 之间建立 LSP 的消息和处理过程。LDP 并不是唯一的标记分配协议，对 BGP、RSVP 等已有协议进行扩展也可以支持 MPLS 标记的分配。

LDP 协议可以建立两种邻居关系：本地邻居和远程邻居。在 LDP 协议中，存在 4 种 LDP 消息。

（1）发现（Discovery）消息，用于通告和维护网络中 LSR 的存在。

（2）会话（Session）消息，用于建立、维护和结束 LDP 对等实体之间的会话连接。

（3）通告（Advertisement）消息，用于创建、改变和删除特定 FEC-标记绑定。

（4）通知（Notification）消息，用于提供建议性的消息和差错通知。

发现消息提供了这样一种机制，LSR 可以通过周期性地发送 Hello 消息表明它在网络中的存在。使用"发向所有路由器"的子网组播地址，Hello 消息将以 UDP 分组的形式发往 LDP 端口。当 LSR 决定要与通过 Hello 消息发现的其他 LSR 建立 LDP 会话时，LSR 将通过 TCP 端口进行 LDP 初始化。

一旦初始化过程成功结束，两个 LSR 就成为 LDP 对等实体，并且可以交换通告消息。本地 LSR 可以自行决定何时发送标记请求消息或标记映射消息。通常，当 LSR 需要标记的时候，LSR 就可以向 LDP 对等实体发送标记请求消息；当 LSR 希望 LDP 对等实体使用某一标记的时候，LSR 就可以向 LDP 对等实体发送标记映射消息。

为了保证 LDP 正确操作，需要可靠并有序的消息传输，因此 LDP 使用 TCP 协议来传送会话消息、通告消息和通知消息，实际上，只有发现消息是使用 UDP 协议来传送的。LDP 协议建立在 UDP 和 TCP 之上，使用的端口号均为 646。两个 LSR 之间交换 Hello 消息将触发 LDP 会话建立过程。以 LSR1 和 LSR2 为例来简要说明会话的建立和维护过程，如图 7.5 所示，图中 M 是消息的缩写。

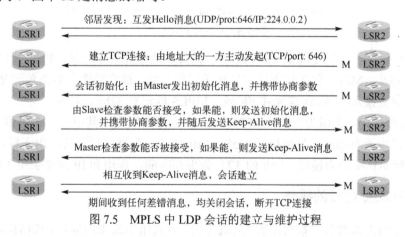

图 7.5　MPLS 中 LDP 会话的建立与维护过程

（1）在建立会话之前，LSR1、LSR2 在每个接口的 UDP 端口 646 发送 Hello 消息，消息中包括一个 LDP 标识符，同时也要接收 UDP 端口 646 的消息。

（2）LSR1、LSR2 接收到 Hello 消息后，判断是否已经同发送方建立会话，如果没有，开始准备建立会话。

（3）LSR1、LSR2 根据双方地址决定在会话建立中哪个是主动方、哪个是被动方，地址大的一方为主动方。

（4）建立支持会话的 TCP 连接。

（5）主动方（Master）发送初始化消息，并携带协商参数，进入 OPENSENT 状态。

被动方（Slave）检查参数能否被接受，如果能，则发送初始化消息，并携带自己的协商参数，随后发送 Keep-Alive 消息，进入 OPENREC 状态。

（6）Master 检查参数能否被接受，如果能，则向对方发送 Keep-Alive 消息，并进入 OPENREC 状态。

进入 OPENREC 的一方接收到 Keep-Alive 消息，建立会话。在会话建立期间收到任何差错消息，均会关闭该会话，断开 TCP 连接。

7.3　MPLS 标记及其应用

7.3.1　MPLS 封装与标记格式

MPLS 技术的核心优势是利用标记列表的查找代替传统路由表的递归查询，从而实现标记的快速交换，提高数据传输速率。MPLS 封装格式如图 7.6 所示。

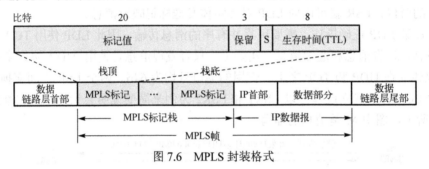

图 7.6　MPLS 封装格式

MPLS 标记是一个长度固定（20bit）的、具有本地意义的标识符，和另外 12bit 控制位构成 MPLS 包头。MPLS 包头位于第二层和第三层之间，通常的服务数据单元是 IP 包，也可以通过改进直接承载 ATM 信元和 FR 帧。MPLS 标记有 32bit，其中：

20bit 用作标记，范围为 0～1048575，0～15 为系统使用，其中 4～15 保留。3bit 的保留位，在协议中没有明确，目前用于 QoS；1bit 的 S，为堆栈标识符，用于标识是否是栈底，S 为 1 标明该标记为栈底；8bit 的 TTL 为生存时间，作用和 IP 报文头中 TTL 相同。

7.3.2　MPLS 标记栈的操作

MPLS 分组上承载着一系列按照"后进先出"方式组织起来的标记，该结构称作 MPLS 标记栈。MPLS 标记一旦产生就压入标记栈中，而整个标记栈放在数据链路层首部和 IP 首部之间。标记栈实际上就是一组标记的级联，MPLS 可以支持无限层的堆栈。标记栈可用于实现多级 MPLS 网络，在最简单的情况下，标记栈中只有一个标记。

当标记分组到达标记交换路由器（LSR）后，通常先执行标记栈顶的出栈操作，然后将一个或多个特定的新标记压入标记栈顶。如果分组的下一跳为某个 LSR 自身，则该 LSR 将栈顶标记弹出并将此分组"转发"给自己。此后，如果标记弹出后标记栈不为空，则 LSR 根据标记栈保留信息做出后续转发决定；如果标记弹出后标记栈为空，则 LSR 根据 IP 分组头路由转发该分组。

MPLS 标记栈的操作过程如图 7.7 所示。

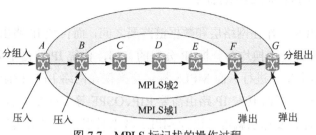

图 7.7　MPLS 标记栈的操作过程

（1）标签压入（Push）：当 IP 报文进入 MPLS 域时，MPLS 边界设备在报文的 MAC 首部和 IP 首部之间插入一个新标记 1；当 MPLS 边界是级联设备时，在标记栈顶再增加一个新的标记 2（即标记嵌套封装）。图 7.7 所示的就是二次标记压入操作，此时，在 MPLS 标记栈中有两个 MPLS 标记，分别是标记 1 和标记 2，标记 2 在栈顶。

（2）标记交换（Swap）：当报文在 MPLS 域内转发时，根据 LSR 上的标记转发表，用标记转发表中下一跳所对应分配的标记替换 MPLS 报文的栈顶标记。

（3）标记弹出（Pop）：当报文离开 MPLS 域时，将 MPLS 报文的标记去掉。当报文到达 F 时，即将离开 MPLS 域 1，弹出 MPLS 的栈顶标记；当报文到达 G 时，即将离开 MPLS 域 2，弹出 MPLS 的现行栈顶标记，如图 7.7 所示。

7.3.3　MPLS 标记转发流程

上面 MPLS 标记栈的操作过程更进一步印证了 MPLS 标记栈是一种先进后出的堆栈。图 7.8 所示的是一个 MPLS 标记转发流程。

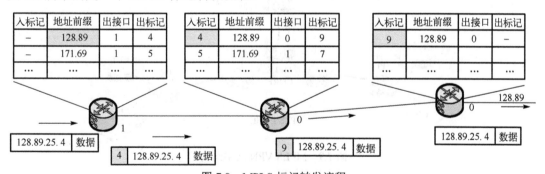

图 7.8　MPLS 标记转发流程

在左边 LSR 上，流入数据的地址是 128.89.25.4，根据其地址前缀从标记转发表中查找得到出标记是 4，出接口是 1，据此对流入数据进行标记压入操作，流入数据报文增加一个"标记"字段，值为 4，并从接口 1 中流出；当数据报文流入中间 LSR 时，根据入标记从标记转发表中找到出标记是 9，出接口是 0，此时进行标记交换操作，该报文中的标记 4 被出标记 9 所替换，并输出到接口 0；当该报文来到最右边 LSR 时，无出标记，即进行标记弹出操作，标记 9 从该数据报文中弹出，流向出接口 0。

7.3.4 标记交换与传统路由的比较

严格地讲，MPLS 工作在网络层和数据链路层之间，而传统 IP 路由工作在第三层。传统 IP 路由与 MPLS 标记交换均会分析 IP 分组的首部，传统 IP 路由中分析 IP 首部的工作在每一个 IP 路由器上均会进行，而 MPLS 标记交换仅在网络 LER 指派标记时进行一次；在对单播、多播的支持方面，传统 IP 路由需要 RIP、OSPF 等多种复杂的转发算法，而 MPLS 标记交换只需要一种转发算法就可以进行 MPLS 数据转发；在路由选择的决定方面，传统 IP 路由是基于目标 IP 地址、目的子网的寻址方法，而 MPLS 标记交换是基于标记的寻址方法。

7.4 基于 MPLS 的 VPN 构建方法

7.4.1 MPLS VPN 网络结构

MPLS 结构的本质在于采用一系列包标记对流量工程进行约束，动态地在 IP 网络中创建转发隧道或者标记交换路径。基于 MPLS 的 VPN 不像传统的 VPN 依赖封装和加密机制，而是利用巧妙的转发和包标记来隔离客户信息并创建安全信道。典型的通信运营商 MPLS VPN 网络结构如图 7.9 所示。

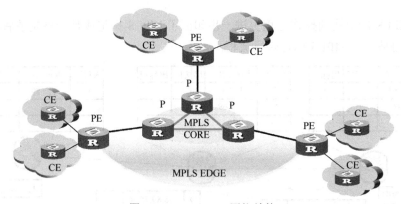

图 7.9　MPLS VPN 网络结构

其中，PE（Provider Edge）是服务提供商边界设备，即运营商网络（或公共网络平台）中与客户网络相连的边缘网络设备，它支持 MPLS，并使用 VRF 对 VPN 客户进行隔离。PE 通过与客户设备 CE 运行路由协议从而获取客户路由，并将路由生成的 VPNv4 前缀放入 MPLS VPN Backbone 传递到对端 PE。

CE（Customer Edge）是客户边界设备，是客户网络（或专用业务系统网络）中与 PE 相连接的边缘设备，主要的功能是将 VPN 客户的路由通告给 PE，以及从 PE 学习同一个 VPN 下其他站点的路由。

P（Provider）是运营商设备，这里特指运营商网络中除 PE 之外的其他运营商网络设备，它支持 MPLS，它并不知道 VPN 客户网络以及客户的路由，只负责在骨干网内运载、传输、转发标记数据。

在 PE 和 CE 之间通过 Static、EBGP、RIP、OSPF 等来传播路由信息，在 PE 设备中专门为 VPN 用户网络建立了路由转发实例，通过虚拟路由及转发（Virtual Routing and Forwarding，VRF）进行数据路由转发，同时保证多个 VPN 用户路由的隔离和独立。

7.4.2　虚拟路由及转发

MPLS VPN 可以让不同客户的路由及数据穿越运营商的 MPLS VPN Backbone，而且这些路由和数据又是相互隔离和独立的，即使不同的客户拥有相同的 IPv4 地址空间，也可以实现路由和数据的隔离与独立。

VRF 只存在于 PE 上，在 PE 上，针对每一个站点，都创建一个与之对应的 VRF，一个 VRF 包括一个路由表和一个转发表、一组使用这个 VRF 的接口集合以及一组与之相关的策略。VRF 不是直接对应于 VPN，而是综合了和它所对应站点的 VPN 成员关系和路由规则。VRF 为每个站点维护逻辑上分离的路由表。每一个 VRF 维护独立的地址空间，在 VRF 中应当包含了到达所有与本站点属于同一个 VPN 的站点的路由信息。这样，在 PE 上，来自 CE 的报文就可以根据相应的 VRF 来进行转发，而不用担心不同 VPN 之间地址空间的冲突。

在 CE 和 PE 之间通过静态路由、RIP、OSPF、EBGP 等来传播路由信息，在骨干网内通过运行 IGP（内部网关协议）来保证内部的连通性，通过 IBGP 来传播 VPN 组成信息和路由。分离的路由表防止了数据泄露出 VPN 之外，同时防止了 VPN 之外的数据进入。

每个 PE 可以维护一个或多个 VRF，每个 VRF 可以被看作一个虚拟的路由器。VRF 可以与任何类型的接口关联，不管是物理接口还是逻辑接口（如以太网口、子接口、虚接口等）。这样，当报文直接通过一个与 VRF 关联的接口到达时，只需在该 VRF 中查找报文的目标地址。

一个 VRF 接口（即一个接口与一个 VRF 关联起来）不再是传统意义上的公共网络的接口，而是一个私有网络的接口。VRF 可以与任何类型的接口关联，不管是物理接口还是逻辑接口。

PE 路由器之间使用边界网关协议（Border Gateway Protocol，BGP）来发布 VPNv4 路由，BGP 用于在不同的自治系统之间交换路由信息。标准 BGP 只能对每个 IP 地址安装和发布一个路由。运营商的 MPLS VPN 网络承载着多个客户的 VPN 地址，由于每个 VPN 有自己的地址空间，意味着同样的 IP 地址会被任意数目的 VPN 所使用，必须做到客户之间地址空间的唯一性，因此需要允许 BGP 可以对每个 IP 地址安装和发布多个路由，同时，要使用特定的策略来决定哪一个路由被哪个 CE 站点所使用。为此，多协议 BGP 使用了新的地址族——VPNv4 地址。

MPLS VPN 使用 VPNv4 地址解决了 VPN 路由在公共网络中传递时的地址空间冲突问题，但由于这已经不再是原有的 IP 地址族的地址结构，不能被普通的路由协议所承载，同时，每一个用户网络都是独立的系统，因此将 BGP 协议进行了一定的扩展，用它来承载新的 VPNv4 地址路由。

对 PE 中每个站点的路由表来说，一个 IPv4 地址只有唯一对应的 VPN-IPv4 地址，因此引入 RD（Route Distinguisher）的概念，RD 加上 IP 地址构成了 VPNv4 地址。

BGP 使用了新的地址族——VPNv4 地址，其格式如图 7.10 所示。VPNv4 地址长 12 字节，前 8 字节是 RD，后 4 字节是 IPv4 地址。RD 是一个 8 字节的数，采用 RD 来标示每个 VRF。

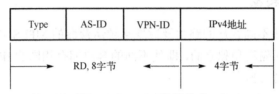

Type	AS-ID	VPN-ID	IPv4地址

图 7.10　VPNv4 地址格式

在 RD 中，包含 Type、AS-ID、VPN-ID 三个字段。RD 结构中 2 字节的 Type 字段为一个管理者字段和一个编码字段，管理者字段和编码字段的长度由 Type 字段决定。RD 为零的 VPNv4 地址和全局唯一的 IP 地址是同义的。AS-ID 是 IANA 分配给服务提供商的 AS 号（自治域标号）。网络供应商为每个 VPN 提供唯一的 VPN 标识符，即 VPN-ID。

PE 从 CE 接收的路由是 IPv4 路由，需要将其引入 VRF 路由表中，附加一个 RD，RD 的值来自本地的配置。PE 路由器可以为从每个 CE 路由器来的路由设置相同的 RD，也可以为从同一 CE 路由器来的不同路由设置不同的 RD。如果两个 VPN 使用相同的 IP 地址，PE 路由器为它们添加不同的 RD，转换成唯一的 VPNv4 地址，则不会造成地址空间的冲突。RD 与 VRF 是一一对应的，每一个 VRF 都有自己的 RD，RD 在骨干网中保持唯一性。

7.4.3　MPLS VPN 构建过程及其与标记的结合

MPLS VPN 基本过程如图 7.11 所示。MPLS 可带多个标记，MPLS VPN 应用有两个标记，最外层标记用于 PE 与 PE 之间的运载，内层标记用于 VRF 识别（用户区分）。

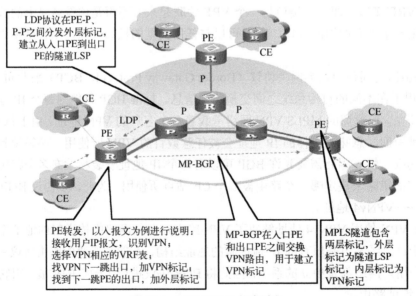

图 7.11　MPLS VPN 基本过程

（1）LSP 预处理。LDP 协议在 PE-P、P-P 之间分发外层标记，建立从入口 PE 到出口 PE 的隧道 LSP。

（2）VPN 标记建立。MP-BGP 在入口 PE 和出口 PE 之间交换 VPN 路由，用于建立 VPN 标记。

（3）入口 PE 处理。入口 PE 接收用户 IP 报文，识别 VPN；选择 VPN 相应的 VRF 表；找到 VPN 下一跳出口，加上 VPN 标记；找到下一跳 PE 的出口，加上外层标记。

（4）出口 PE 处理。MPLS 隧道包含两层标记，外层标记为隧道 LSP 标记，内层标记为 VPN 标记。当数据从出口 PE 出去时，先剥去外层标记，再剥去内层标记，继续转发 CE 网络。

MPLS VPN 数据转发实例如图 7.12 所示。

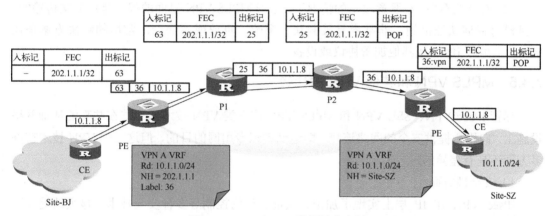

图 7.12　MPLS VPN 数据转发实例

（1）标记压入。数据包从 CE 到达 PE，该数据包的目标地址为 10.1.1.8，识别 VPN，从 VRF 中查找到其 VPN 标记为 36，找到 VPN 的一跳出口 NH 为 202.1.1.1，从 MPLS 标记转发表中找到其出标记为 63，将标记两次压入，封装成形如{63,36,10.1.1.8}的数据包。

（2）MPLS 标记替换。数据包来到下一个路由 P1 中，从它的 MPLS 标记转发表中找到入标记为 63，出标记为 25，将形如{63,36,10.1.1.8}的数据包进行标记替换，得到形如{25,36,10.1.1.8}的数据包。

（3）MPLS 标记弹出。当数据包来到下一个路由 P2 时，由数据包的标记 25，找到当前 MPLS 标记转发表，查找得到出标记为 POP，从数据包中弹出当前最外层的标记，得到形如{36,10.1.1.8}的数据包。

（4）VPN 标记弹出。数据包来到下一跳 PE，由当前数据包的 VPN 标记 36，找到当前 MPLS 标记转发表，查找得到出标记为 POP，FEC 为 202.1.1.1/32，于是弹出 VPN 标记，得到数据包{10.1.1.8}；根据它的 FEC 从 VRF 中找到下一跳 Size-SZ。

（5）数据包从 PE 到达 CE。数据包转发到 Size-SZ 网络，进一步转发到目标地。

7.4.4　MPLS VPN 的特点

MPLS VPN 的优点如下。

（1）可以保证 QoS 和实施流量控制。由于 MPLS 基于标记转发的特性，可以利用标记进行高效且方便的流量控制，保证 QoS。

（2）伸缩性强。在 MPLS VPN 中，服务提供商不用了解客户的网络拓扑，客户端也不用干涉 VPN 的具体部署，这使其具有很强的伸缩性。

（3）可管理性强。服务提供商全权负责 MPLS VPN 的管理和维护，客户端不需要进行大的网络变动，也不需要专门的人力来进行 VPN 的管理与维护。

MPLS VPN 的缺点如下。

（1）应用局限性。MPLS VPN 一般由 PE 设备实施，需要服务提供商的 MPLS 骨干网的支持，接入点需要有标记交换路由器，所以只适合用于建立长久的企业专用网，不易实现移动 VPN 节点。

（2）安全性不高。在恶意攻击的情况下，由于 MPLS VPN 里面的报文是用明文传输的，并且没有任何认证措施，非常容易被截获、窜改、重放或者伪造。常用的解决方案是在 MPLS 上运行 IPsec 或其他加密协议或设备。

7.4.5　MPLS VPN 和其他 VPN 的比较

尽管 IPsec VPN、SSL VPN 和 MPLS VPN 这三类 VPN 技术都能够在共享的基础网络设施上，向用户提供安全的网络连接，即达到虚拟专用网的目的，但这三类 VPN 技术在许多方面还是有差异的。

1）安全性方面

IPsec VPN 在 IP 层上实现了加密、认证、访问控制等多种安全技术，极大地提高了 TCP/IP 的安全性，在互联网中建立的安全通道很难被窜改，是一种公认的 IP 层安全协议。但它在用户主机和内部网络部分存在较多的不安全因素，容易遭受黑客和病毒的入侵，进而影响整个网络。

SSL VPN 建立的是一条会话层的通道，是基于应用的。通过 SSL VPN，用户的远程资源访问被严格控制。对于所有的用户，不论他们在什么地方上网，SSL VPN 都提供了细粒度的访问权限控制。借助于 SSL VPN 技术，对应用程序和网络的访问控制可以根据需要由一般到特殊进行设置。

MPLS VPN 在安全性方面处于劣势，MPLS VPN 必须依赖路由协议来准确地传播可达性信息，完成与标记分配相关的工作。因此 MPLS 对路由协议的依赖性要高于 IP 网络，但是到目前为止，路由系统的故障还是一个很难解决和分析的问题。MPLS VPN 采用路由隔离、地址隔离等手段提供抗攻击和欺骗的方法，但传输的数据是明文的，存在较大的安全漏洞。

2）网络服务质量（QoS）方面

IPsec VPN 保证的是端点到端点的网络传输通道的安全，端点处的加密和解密需要另外的硬件和软件处理能力，而这将增加用户和性能的开销。由于 IPsec 协议需要在报前添加自己的数据报，如果新生成的数据报的长度超过网络的（最大可传输单元）的长度，该数据报将被分割成多个数据报，增加不必要的网络延迟时间。另外，当传输流被加密以后，由于标示 QoS 的比特不能为网络路由器所读取，所以 QoS 很难得到保证，网络就不能在应用层区分业务流并分配不同的业务水平。

SSL VPN 同 IPsec 类似：一方面，经过 SSL 加密隧道与身份认证会降低传输效率；另一方面，SSL VPN 也是承载在公众互联网上的，因此 QoS 也无法得到保证。

MPLS VPN 建立在骨干网之上，在网络服务质量方面具有最好的效果，MPLS 可以指定数据包传送的先后顺序，使用标记交换，网络路由器只需要判别标记后即可进行传送处理，在根本上解决了传统 IP 网络逐跳路由、IGP 路由汇聚、路由表过长、尽力传送等问题。MPLS VPN 具有优先权和 QoS 保证，MPLS 标记使服务提供商可以区分出流量（甚至业务），准许他们具有不同的优先权。

3）应用领域和便捷性方面

IPsec VPN 需要安装客户端才能使用，IPsec VPN 的连接性会受到网络地址转换的影响，同时需要先完成客户端配置才能建立通信信道，因此当用户较多时，用户的培训和软件的安装维护都比较麻烦。IPsec 位于协议栈的网络层，IPsec VPN 连接后就如同内网的用户，可以使用所有基于 IP 协议的服务，因此应用领域较广。

SSL VPN 则直接使用 Web 浏览器，无须安装客户端软件，使用和维护都很方便。但 SSL VPN 只能应用于基于 Web 的应用系统、文件共享和 E-mail 等。

MPLS VPN 配置完成后，内网用户如同在同一网络中，无须安装客户端软件，可以说对用户的要求为零。MPLS VPN 可以实现所有基于 IP 的应用，同时由于它具有很好的 QoS，因此可以提供语音、视频等远程通信等服务。

4）可扩展性方面

IPsec VPN 技术本身的特性决定了它通常不能支持复杂的网络，这是因为它们需要解决穿越防火墙、IP 地址冲突等问题。IPsec VPN 在部署时，要考虑企业全网的拓扑结构，如果增添新的设备，往往要改变网络结构，从而造成 IPsec VPN 的可扩展性比较差。

SSL VPN 是为移动性而设计的，它基于 Web 进行访问，使许多设备可以通过支持 SSL 协议的标准浏览器访问企业内部网络，一些非传统设备也可以随时随地访问接入，具有良好的可扩展性。

MPLS VPN 提供商可简单地将 MPLS VPN 配置成全网状结构，企业只需将客户边界设备（CE）与运营商边界设备（PE）以各种方式相连，CE 上不需做复杂配置，也不需要很高的硬件配置。当有新的 CE 加入时，只需在 CE 和 PE 上做简单的配置即可。同时，由于标记代替了地址，用户可以继续使用原来的专用地址，不需要做改动。

5）经济性方面

IPsec VPN 在每增加一个需要访问的分支时，都需要添加一个硬件设备。对一个成长型的公司来说，随着 IT 建设规模的扩大，要不断购买新的设备来满足需要。

SSL VPN 有最好的经济性，这是因为 SSL VPN 只需要在中心节点放置一台硬件设备，就可以实现所有用户的远程安全访问控制。

MPLS VPN 尽管比租用专线成本低，但需要一次性工程费用、VPLS 资源费用以及本地接入费用等，综合来看，成本是大于 IPsec VPN 和 SSL VPN 的。

根据以上分析，IPsec VPN、SSL VPN 和 MPLS VPN 这三类 VPN 技术各具特色，互有长短。IPsec VPN 适合作为网关对网关 VPN 连接的解决方案。SSL VPN 主要为大量用户提供有限访问，适合作为一种远程接入方案。而 MPLS VPN 在支持 QoS 方面具有天然的优势，适用于网络服务质量要求较高的情况。总之，可以根据实际需求选择最佳 VPN。此外，IPsec VPN、SSL VPN 和 MPLS VPN 也不是互斥的，有效地结合应用多类 VPN 可能会取得更好的效果。

第 8 章　VPN 安全管理方法

虚拟专用网中的实体包括安全客户端、VPN 安全网关、VPN 安全管理平台等。VPN 安全管理平台主要提供对同一安全域内的 VPN 安全网关和移动安全客户端的配置管理、策略管理、隧道管理与网络规划管理等功能。安全策略管理是保证 VPN 实体间安全互联互通的重要功能，它用于确保移动安全接入和 VPN 安全互联的一致性、正确性和可达性。本章主要阐述 VPN 安全管理方法。

8.1　管　理　框　架

8.1.1　安全策略

网络系统的日益庞大和复杂，促进了网络管理技术的快速发展。网络管理已不仅仅限于对物理设备、通信线路等的监测、配置和故障诊断，更需要以业务应用管理为导向，以保证服务质量为目标的策略性管理。基于策略的网络管理（Policy Based Network Management，PBNM）方案正是为顺应当今网络管理的发展趋势而提出的，力求改进传统网络管理中以设备为中心的管理方式，使网络管理人员能够采用业务规则、定义网络配置和调整网络运行参数，满足用户对网络的应用需求，从而实现预定的管理目标，基于策略的网络管理系统已在网络安全、服务质量控制等多个领域应用。

近年来，随着信息安全技术的发展与应用，安全策略管理已成为信息安全研究的热点。传统安全策略管理主要是用户依靠自己的经验以及对多种底层设备的了解，进行人工的策略管理。在当前分布式环境下，网络安全设备的数量越来越多、应用范围越来越广、结构越来越复杂，普通的用户很难在同一时间有管理多种多样的网络安全设备所需要的各种知识。基于策略的管理将策略和管理相分离，策略已经取代传统的设备成为管理的目标，用户只需配置策略便可实现对设备的管理，以提高效率及灵活性。因此，安全策略管理成为目前国内外网络安全管理研究的热点。特别地，VPN 系统是与策略密切相关的网络安全防护系统，其安全运行离不开有效的安全策略管理。

策略是指一系列管理规则的集合，而管理规则往往由一些条件和动作组成。安全策略是由系统管理员从一定的安全需求出发制定的一组规则，以防止未授权动作对系统内资源的访问。在无特别说明的时候，本书中所提出的策略或者安全策略均是指一般常用的网络安全设备上的策略。网络安全设备策略主要指对网络通信加以约束的规则，即针对网络报文的处理，如路由策略、入侵检测策略、IPsec 策略、网络 QoS 策略等。这类策略允许用户操作网络元素以便为特定客户提供服务，如区分服务、虚拟专用网、加密功能等。

8.1.2　策略管理框架

自策略理论在网络安全领域推广以来，各大研究机构也取得了许多卓有成效的研究成果。IETF 提出了一个基于策略的通用的管理框架，如图 8.1 所示。该框架包括策略数据库、策略管理工具、策略实施点和策略决策点四个组成部分。

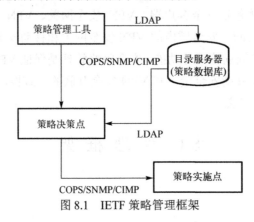

图 8.1　IETF 策略管理框架

策略数据库用于存储由策略控制台输入的策略及其相关信息，原则上它可以采用任何一种技术，如数据库（DB）或目录服务器，但推荐使用目录服务器。策略数据库是实现策略统一管理的基础。

策略管理工具是用户用来输入、分析、验证、精化和翻译管理策略的控制台，用以维护目录服务器中存储策略的数据库，为配置策略及相关信息、监视整个策略控制系统运行提供图形化界面。

策略实施点（Policy Enforcement Point，PEP）是能够实施策略的设备，负责执行具体的策略操作。

策略决策点（Policy Decision Point，PDP）处于策略实施点和策略数据库之间，负责查询和解释策略数据库中的策略，并负责将合适的策略传送给策略实施点。其具有三种功能：①响应策略事件并锁定相应的策略规则；②完成状态和资源的有效性校验；③将存储在策略数据库中的策略规则转换成设备可执行的格式。

PDP 和 PEP 可以处于同一台设备上，也可以处于不同的设备上。这四个组成部分之间可采用不同的协议进行通信，如 PDP 和 PEP 之间采用 COPS 或 SNMP 协议，而策略数据库使用 LDAP 作为访问协议，在策略发布时可采用 PUSH 和 PULL 两种方式。

8.1.3　策略传输协议

PDP 与 PEP 之间可以有多种通信方式，如 COPS、SNMP 等，其中 COPS 被公认为是一种高效、优化的专用策略传输协议。

1）COPS 协议

作为专用的策略传输协议，COPS 在可靠传输、安全保证、同步机制等方面具有优良的性能。COPS 的具体特点如下。

（1）C/S 模型：COPS 是一种简单的请求/响应协议，用于策略服务器 PDP 和客户端 PEP 之间的信息交互。

（2）可靠的传输机制：COPS 采用 TCP 作为传输协议，以保证 PEP 和 PDP 之间信息的可靠传输。

（3）良好的可扩展性：COPS 支持自说明对象。

（4）消息层的安全保证：COPS 支持安全密钥及相关算法，在鉴权、重放保护、消息完整性方面提供消息层的安全保证。此协议可有效地用于 PEP、PDP 之间合法身份的校验，检验数据的完整性，防止消息重放。

（5）可靠的同步机制：在动态的网络环境中，保证客户端与服务器之间的同步尤为重要。COPS 是有状态的协议，可以有效地保证客户端 PEP 与服务器 PDP 之间的状态同步。

2）SNMP 协议

SNMP 是应用层协议，主要通过一组因特网协议及其所依附的资源提供网络管理服务。它提供了一个基本框架来实现对鉴别、授权、访问控制以及网络管理政策实施的高层管理。利用 SNMP，一个管理工作站可以远程管理所有支持这种协议的网络设备，包括监视网络状态、修改网络设备配置、接收网络事件警告等。一般来说，SNMP 具有以下五种功能，简称 FCAPS。

（1）故障管理（Fault Management）：对网络中被管对象故障的检测、定位和排除。故障并非一般的差错，而是指网络已无法正常运行或出现了过多的差错。

（2）配置管理（Configuration Management）：用来定义、识别、初始化、监控网络中的被管对象，改变被管对象的操作特性，报告被管对象状态的变化。

（3）计费管理（Accounting Management）：记录用户使用网络资源的情况并核收费用，同时也统计网络的利用率。

（4）性能管理（Performance Management）：以网络性能为准则，保证在使用最少网络资源和具有最小时延的前提下，网络能提供可靠、连续的通信能力。

（5）安全管理（Security Management）：保证网络不被非法使用。

8.1.4　VPN 安全管理模型

VPN 安全策略是 VPN 系统中的重要内容，VPN 安全策略管理主要致力于解决 VPN-IPv4 安全策略和安全关联的制定、实施以及管理问题。VPN 安全管理平台是实施策略管理的主要平台。其主要功能如下。

（1）在线认证。无论移动安全客户端还是 VPN 安全网关，在接入 VPN 系统时首先都需要在 VPN 安全管理平台进行身份认证，认证成功后，方可接入 VPN 系统。

（2）状态监视。主要监视移动安全客户端和 VPN 安全网关是否接入 VPN 系统。安全管理平台通过与 VPN 安全管理网关、VPN 客户端的通信，能够得知哪些 VPN 实体接入了系统、其状态是什么等相关信息。

（3）安全策略与安全隧道管理。VPN 中最为重要的安全参数为安全策略（SP）、安全关联（SA），为保证 VPN 系统的安全性，需要对 VPN 系统中的安全策略、安全关联、密码参数进行统一的管理，保证 VPN 系统之间能够安全互联互通。

（4）安全审计管理。记录、汇总 VPN 实体的运行状况，获取 VPN 实体的网络信息流，构成 VPN 系统的审计日志，并对其进行安全事件分析，保证在安全管理平台上就能够清楚地查看 VPN 实体的详细访问情况。

上述 VPN 安全管理功能中所包含的策略信息、隧道信息、审计日志、状态信息、系统信息等构成了 VPN 安全管理的管理信息库（MIB）。通常，VPN 安全管理模型建立在网络管理的基础上，对移动安全客户端与 VPN 安全网关实施可视化远程控制管理，其一般模型如图 8.2 所示。

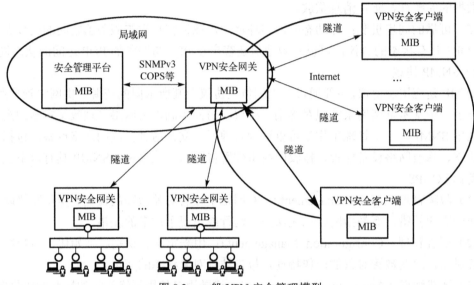

图 8.2　一般 VPN 安全管理模型

本模型建立在 SNMP 或 COPS 协议的基础之上，包括移动安全接入管理与 VPN 安全互联管理两大部分，移动安全接入管理主要是在初始安全隧道的基础上将在同一安全域的 VPN 安全客户端进行统一安全管理，VPN 安全互联管理是在初始安全隧道的基础上将同一安全域的 VPN 安全网关进行统一安全管理。安全管理平台通过 SNMPv3 获取审计日志、状态信息等管理信息库（MIB），将安全策略、安全隧道等管理信息发送给 VPN 实体，并对 VPN 实体进行可视化管理与日志事件分析。

8.2　COPS 协议

8.2.1　COPS 协议组成

COPS 协议是一个用于将策略信息分发到设备节点的协议。COPS 协议最初是为支持资源预留协议（RSVP），由 IETF 资源分配工作组制定的策略信息传输协议，通过扩展，它可以很容易地支持更多的应用，如安全、计费等，因而它几乎成为策略管理的标志并广泛应用。

COPS 协议定义了两个基本角色：策略决策点（PDP）、策略实施点（PEP）。在一个管理域中至少要有一个 PDP,用来应答由 PEP 产生的策略请求。COPS 是一种简单的基于 TCP 的客户/服务器协议模型,它通过服务器返回对策略请求(Request)的决策(Decision)。在 COPS 协议中,PDP 充当了存储策略的服务器;PEP 充当了客户端,是实现或执行策略的网络节点;COPS 协议在 PDP 与 PEP 之间交换策略信息。

COPS 协议具有三个逻辑实体,分别是策略决策点(PDP)、策略实施点(PEP)以及本地策略决策点(LPDP),其中 LPDP 备份 PDP 的决策,当 PDP 与 PEP 的连接中断时,LPDP 可代替 PDP 做出决策,但 PDP 具有最终的裁决权。COPS 协议组成示意图如图 8.3 所示。

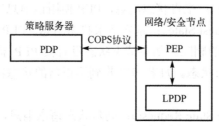

图 8.3　COPS 协议组成示意图

从软件体系结构的角度看,COPS 协议遵从 C/S 模式,是一个查询与响应协议。

从协议栈的层次看,COPS 是一个位于应用层的策略控制协议,它基于可靠单播协议 TCP。COPS 之所以基于 TCP 协议,主要是为了利用 TCP 的可靠性,实现策略信息交换的可靠传输。

COPS 协议在 PDP 与 PEP 之间通过自识别(Self Identifying)对象进行通信,主要通信方式有:①PEP 发送请求,PDP 做决策,PEP 向 PDP 报告决策执行情况;②PEP 未做请求,PDP 发送决策,PEP 执行并报告决策执行情况,发生这种情况的前提是 PDP 更新先前做过的决策或者要求 PEP 状态同步。

在特定客户类型的上下文中,远程 PDP 与 PEP 使用 COPS 协议进行通信。当远程 PDP 连接中断或缺少远程 PDP 时,可使用本地 PDP(LPDP)做决策,但远程 PDP 是做最终决策的决策点。

COPS 协议可以支持两个操作模式:配置模式和外部资源模式。

在配置模式中,PDP 为 PEP 预备策略,以对外部事件做出响应(如用户输入)。在 IPsec VPN 情况下,这个模式致力于安全 VPN 的配置。

外部资源模式是动态获取策略的机制。也就是说,需要做出即时策略决定时 PEP 可以使用外部资源模式。PEP 在需要策略时向 PDP 即时提出请求,PDP 对策略请求进行应答。例如,一个 IKE 协商消息到达 PEP 时,PEP 必须决定接收或拒绝接收这条消息,PEP 又向 PDP 发送一个请求用以获取 PDP 的策略支持,在接收这条消息之前 PEP 一直等待 PDP 的决定响应。同样,如果一个终端节点被允许提供 IPsec 服务(由于通信中止于这个节点,所以它可以看作策略实施点),那么一个本地应用数据包到达节点时,它需要一个 IPsec 策略来创建一个新的应用来处理这个数据包的安全关联(SA),这样便触发一个请求发送给已配置的 PDP。

8.2.2 COPS 通信的消息内容

PDP 与 PEP 之间的通信是通过使用下列 10 条消息来完成的。

（1）REQ（Request）：请求消息，PEP 通过该消息向 PDP 发送请求。PEP 建立一个请求状态客户句柄，使远程 PDP 可维持请求状态。PDI 针对这个句柄做相应决策，决策可能与准入控制、资源分配、对象转发、策略替换或者策略配置有关。

（2）DEC（Decision）：决策消息，PDP 通过该消息向 PEP 发送的响应消息。为了避免死锁，PEP 发送请求消息后启动定时器，若超时，就使用新句柄发送请求。

（3）RPT（Report State）：报告状态消息，PEP 使用该消息向 PDP 报告决策执行情况。

（4）DRQ（Delete Request State）：删除请求状态消息，PEP 向 PDP 指明撤销某个请求状态，并由 PDP 进行相应的删除。如果请求状态没有被 PEP 显式删除，PDP 将会在会话关闭或连接终止时删除请求状态。如果 PEP 收到不正常的状态决策信息，它将删除相关状态或重新请求。

（5）SSQ（Synchronize State Request）：同步状态请求消息，PDP 发送该消息要求 PEP 状态同步。如果 PEP 不认识表示状态的请求句柄，则发送 DRQ 消息；如果状态同步完成，则向 PDP 发送状态同步完成（SSC）消息，见（10）。

（6）OPN（Client-Open）：PEP 使用该消息通知 PDP 它支持的客户类型。PDP 用 Client-Accept 消息做响应，但如果 OPN 消息不正常，则发送 Client-Close 消息以指出相应的错误代码。

（7）CAT（Client-Accept）：PDP 使用该消息响应 PEP 发送的 Client-Open 消息，该消息包括一个定时器以指出 Keep-Alive 消息之间的最大时间间隔。

（8）CC（Client-Close）：PDP、PEP 均可使用该消息来通知另一方不再支持的客户类型，PDP 也可在该消息中为 PEP 指出对于某种客户类型替代的 PDP。

（9）KA（Keep-Alive）：PDP、PEP 双方使用该消息以保证 TCP 连接的有效性。

（10）SSC（Synchronize State Complete）：状态同步完成消息，PEP 使用该消息向 PDP 报告状态同步执行情况。

对于上述消息，图 8.4 描述了 PEP 和 PDP 之间的一次简单会话实例。

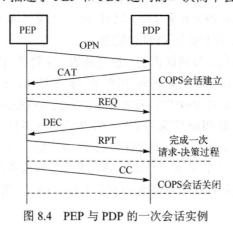

图 8.4　PEP 与 PDP 的一次会话实例

8.2.3　COPS 报文格式

1）COPS 通用报文封装格式

COPS 是一种公共的、开放的、可扩展的通信协议。COPS 报文可以封装各种格式的信息，各种变长的、自定义的数据都可以封装成 COPS 报文被传输。COPS 报文封装格式如图 8.5 所示。

图 8.5　COPS 报文封装格式

2）COPS 完整性对象封装格式

为支持消息认证和防重放攻击，COPS 协议在实体中加入了序列号和信息摘要。这个信息摘要是对整个 COPS 消息做基于 PDP 与 PEP 之间共享密钥的 HMAC 而得到的。

COPS 协议中提供的完整性对象能够实现消息验证、完整性保护和防重放保护。每次连接时，COPS 消息安全性都被协商一次，安全性协商完成后所有消息必须包括完整性对象，COPS 完整性对象封装格式如图 8.6 所示。

Length	C-Num=16	C-Type=1
Key ID		
Sequence Number		
Keyed Message Digest		

图 8.6　COPS 完整性对象封装格式

完整性对象是 COPS 消息的最后一个对象，C-Num=16、C-Type=1 表示该消息类型为完整性对象，Key ID 用来确定计算完整性对象中信息摘要的密钥，并将 COPS 从消息头开始直到 Sequence Number 字段结束的所有内容中计算出的信息摘要填充在 Keyed Message Digest 字段中，在所有的 COPS 实现中要求至少支持 HMAC-MD5-96。

3）COPS 消息验证步骤

COPS 通信中消息验证的步骤如下。

（1）在 COPS 会话建立之前，PEP 和 PDP 首先通过 OPN 消息和 CAT 消息进行安全协商。在此阶段中，OPN 消息的 C-Type 为 0，并包含 COPS 完整性对象。若安全协商失败，则向另一方发送 CC 消息以断开连接，并指明错误代码。

（2）安全协商完成后，如果接收的消息不包含完整性对象，则向发送方发出 CC 消息以断开连接，并指明错误代码。

（3）COPS 会话建立后，PEP 与 PDP 相互知道对方发送消息的序列号。若接收方发现接收消息中的序列号不正确，那么向发送方发出 CC 消息以断开连接，并指明错误代码。

（4）安全性协商后，所有消息必须包括信息摘要，接收方根据消息中的 Key ID 确定计算摘要的密钥，然后重新计算摘要，若重新计算出的摘要与接收到消息中的摘要不一致，则说明该消息中的内容发生了改变，因此向发送方发出 CC 消息以断开连接，并指明错误代码。

4）COPS 公共头部信息

COPS 公共头部格式如图 8.7 所示。其中，OP Code（操作码）用来识别 COPS 操作，它们分别是 Request(REQ)、Decision(DEC)、Report State(RPT)、Delete Request State(DRQ)、Synchronize State Request(SSQ)、Client-Open(OPN)、Client-Accept(CAT)、Client-Close(CC)、Keep-Alive(KA)、Synchronize State Complete (SSC)。

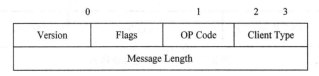

图 8.7　COPS 公共头部格式

Client Type（客户类型）表示不同策略客户端。客户类型在请求报文中初始化，并用在后续的请求报文、决策报文和报告报文中，以指示相同的请求。

客户端主要状态如下。

（1）初始态：客户打开报文发出，等待回复。

（2）就绪态：客户请求报文发出，等待回复。

（3）配置执行态：接收到服务器的配置信息。

（4）存活操作态：保持存活报文发出，等待回复。

服务器端主要状态如下。

（1）初始态：最初的监听状态，未收到有效的客户请求报文。

（2）就绪态：成功接收客户打开报文，发送回复信息。

（3）决策态：接收客户请求报文，发送配置信息。

（4）存活操作态：保持存活报文发出，等待回复。

8.2.4　PDP 与 PEP 之间的通信过程

1）TCP 连接的建立

PEP 与远程 PDP 之间使用 TCP 连接进行通信，每个服务器的 PDP 实现必须倾听一个已知的 TCP 端口，而 PEP 负责初始化目的地为远程 PDP 的 TCP 连接。一个 PEP 可支持多个 Client-Type，而 PDP 可接受或者拒绝某个 Client-Type，如果 PDP 拒绝了某个 Client-Type，它可通过 COPS 将 PEP 重新定位到替代的 PDP。

PEP 与远程 PDP 之间通过 Keep-Alive 消息来保证它们之间的 TCP 连接。在通信过程中，如果 PEP 探测到连接丢失是因定时器超时，那么它将发送一个 Client-Close 消息并尝试还原该 PDP 或者找到一个替代的 PDP。如果 PEP 与替代 PDP 通信过程中，连接恢复，那么替代 PDP 将 PEP 重新定位到原 PDP，PEP 需在连接断开后将所发生的事件通知给原 PDP，而远程 PDP 也可通过发送同步状态消息要求 PEP 完成内部状态同步。

2）安全性协商

每个连接可进行一次 COPS 消息的安全性协商。如果需要安全性保证，那么在初始的 Client-Open/Client-Accept 消息交换时指定一个 Client-Type=0。第一条 Client-Open 消息除了必须指定 Client-Type=0 外，还必须提供一个 COPS 完整性对象，完整性包括了初始序列号以及用于计算信息摘要的关键字与算法标识，使用该对象可实现认证、消息完整性以及防重放攻击。

如果 PDP 需要安全性协商，而 PEP 没有发送带有 Client-Type=0 的 Client-Open 消息，那么 PDP 将发送 Client-Close 消息给 PEP 以指出相应的错误代码；反之，如果 PEP 需要安全性协商，而 PDP 不发送带有 Client-Type=0 的 Client-Accept 消息，那么 PEP 也将发送一条 Client-Close 消息给 PDP，该消息中无须带有完整性对象，因为安全性协商并没有完成。

3）PEP 的初始化

在 PEP 与 PDP 之间的 TCP 连接建立后以及安全性协商（如果需要）生成后，PEP 将发送一个或多个 Client-Open 消息到远程 PDP，一条消息对应 PEP 支持的一个 Client-Type，PDP 用 Client-Accept 消息分别进行响应，每条消息中指定了 Keep-Alive 消息间的时间间隔；如果对于某个 Client-Type，PDP 不支持，那么它将发送 Client-Close 消息并有可能在该消息中指出替代 PDP 的地址及端口号。

4）外包操作与配置操作

在外包情形中，当 PEP 收到一个需做新的决策的事件时，它发送一个请求到远程 PDP，远程 PDP 做决策并发送一条决策消息到 PEP，因为请求是有状态的，所以它在远程 PDP 上存储或设置，一旦请求不再可用，PEP 负责删除该请求。

当 PEP 要更新已设定的请求状态时，重新发送请求，由 PDP 做决策；类似地，PDP 要改变前面做过的决策时，它可发送一条未请求的决策消息。

在配置情形中，PEP 为特定的接口，模块发送配置请求到 PDP，PDP 发送包含配置数据的命名单元给 PEP，由 PEP 安装、使用该配置。对于同一个配置，PDP 可发送额外的决策消息更新或删除该配置，PEP 执行相应操作后发送报告消息到 PDP。

5）PDP 与 PEP 的关闭

Client-Close 消息用于使相应的 Client-Open 消息的作用失效以及通知另一方某个 Client-Type 不再被支持。当 PEP 探测到连接丢失是因为 Keep-Alive 消息超时时，它将发送 Client-Close 消息并终止对 PDP 的连接，然后尝试重新连接替代的 PDP。当 PDP 正在关闭时，它利用 Client-Close 消息通知 PEP，并有可能在该消息中指出替代 PDP 供 PEP 使用。

8.2.5　基于 COPS 协议的 VPN 策略管理方案

通过 COPS 协议可以实现 VPN 策略分发，本书构建了一种 VPN 策略管理方案，该方案如图 8.8 所示，主要由以下几个部分组成。

（1）管理中心：用于网络管理员对整个 VPN 系统进行管理（其中包括对网络的监控和配置等）的平台。

（2）策略服务器：用于完成 VPN 系统安全策略统一管理。

（3）策略数据库：用于集中存放安全策略，这里可以是 LDAP 目录数据库。

（4）VPN 安全网关：组建虚拟专用网的主要元件，它运用安全协议对数据包进行封装等操作，达到为 IP 层传输提供各种安全服务的目的。

（5）VPN 安全客户端：用于解决移动用户对安全网关的接入问题，是移动用户安全接入安全网关保护的企业内部网络的理想的解决方案。

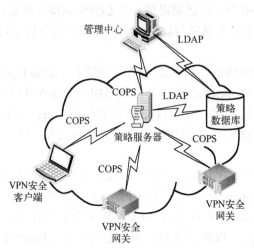

图 8.8　一种基于 COPS 协议的 VPN 策略管理方案示意图

在此方案中，管理中心与策略服务器之间是策略决策点和策略实施点之间的关系，策略服务器担当 PEP 的职能，管理中心担当 PDP 的职能，它们之间使用的是 COPS 协议的配置模式。网络管理员可以手动对安全策略服务器进行配置，也可以通过 LDAP 协议访问策略数据库，这样便于网络管理员对数据库中的安全策略进行添加、修改、删除等操作。

在策略服务器与 VPN 安全网关构成的域内关系中，策略服务器可被视为 PDP，VPN 安全网关以及 VPN 安全客户端可被视为 PEP，安全策略被集中存储在策略服务器中，策略服务器负责为域中所有节点（VPN 安全网关与 VPN 安全客户端）维持安全策略。

策略服务器和 VPN 安全网关以及 VPN 安全客户端之间可以使用配置模式和外部资源模式相结合的混合模式。首先是策略服务器使用配置模式，通过 COPS 协议对所有安全网关与安全客户端进行初始策略配置；当安全网关或者客户端需要即时策略的时候，可以使用外部资源模式，由安全网关或安全客户端触发其与策略服务器之间的安全策略请求、响应过程，策略服务器接到请求报文后，首先对发起请求的网关或客户端进行身份验证，只有通过身份验证的网关或客户端才可以访问策略服务器。策略服务器可以通过 LDAP 从目录服务器得到策略信息，也可以从本地高速缓存或者数据库中得到策略信息。策略信息通常存储在目录服务器中，当然也可以在本地有个策略数据库，这样就不必每次都查询目录服务器了，只有在本地策略数据库中检索不到所需信息时，才去查询目录服务器。

8.3　SNMP 协议

8.3.1　SNMP 概述

在安全策略管理框架中，SNMP 协议也是安全策略传输协议之一。实际上，由于计算机网络发展的趋势是规模不断扩大，复杂性不断增加，网络的异构程度越来越高，因此需要统一的网络管理体系结构和协议对网络进行管理。国际上，许多机构和团体都建立了网络管理标准框架。

　　简单网络管理协议（Simple Network Management Protocol，SNMP）是由因特网工程任务组定义的一套网络管理协议，该协议基于简单网关监视协议（Simple Gateway Monitor Protocol，SGMP）发展而来，其主要目标是实现对各种 SNMP 代理的网络设备的自动化、信息化、网络化管理。

　　通常，SNMP 有五个管理功能，简称 FCAPS，主要如下。

　　（1）故障管理（Fault Management）：对网络中被管对象故障的检测、定位和排除。此处故障并非一般的差错，而是指网络已无法正常运行或出现了过多的差错。

　　（2）配置管理（Configuration Management）：用来定义、识别、初始化、监控网络中的被管对象，改变被管对象的操作特性，报告被管对象状态的变化。

　　（3）计费管理（Accounting Management）：记录用户使用网络资源的情况并核收费用，同时也统计网络的利用率。

　　（4）性能管理（Performance Management）：以网络性能为准则，保证在使用最少网络资源和具有最小时延的前提下，网络能提供可靠、连续的通信能力。

　　（5）安全管理（Security Management）：用以保证网络不被非法使用。

8.3.2　简单网络管理模型

　　SNMP 是应用层协议，主要通过一组因特网协议及其所依附的资源提供网络管理服务。它提供了一个基本框架用来实现对鉴别、授权、访问控制以及网络管理政策实施的高层管理。简单网络管理模型如图 8.9 所示，包含三个要素。

　　（1）管理工作站。它是网络管理员和网络管理系统之间的接口，能将网络管理员的命令转换成对远程网络元素的监视和控制，从网络上所有被管设备的 MIB 中提取出信息数据库。作为管理站，它还拥有能进行数据分析、故障发现等的管理应用软件。

　　（2）管理代理。管理代理指的是用于跟踪监测被管设备状态的特殊软件或硬件。SNMP的管理任务主要由管理代理来执行，代理翻译来自管理工作站的请求，验证操作的可执行性。其通过直接与相应的功能实体通信来执行信息处理任务，同时向管理工作站返回响应信息。

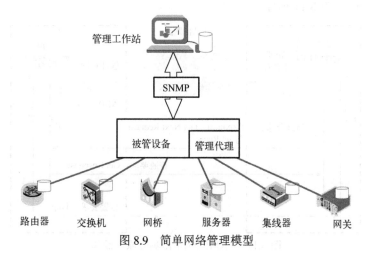

图 8.9　简单网络管理模型

（3）SNMP。它是代理进程和管理工作站之间的协议，主要用于交换管理信息。网络管理程序通过 SNMP 协议查询或修改代理所记录的信息。

8.3.3　SNMP 的请求/响应原语

管理工作站和管理代理之间通过 SNMP 协议连接，包括以下请求/响应原语，如图 8.10 所示。

（1）Get Request：由管理工作站去获取代理的 MIB 对象，即从代理进程处提取一个或多个参数值。

（2）Get Next Request：由管理工作站从代理进程处提取紧跟当前参数值的下一个参数值。

（3）Set Request：由管理工作站去设置代理的 MIB 对象值，即设置代理进程的一个或多个参数值。

（4）Get Response：对管理工作站进行响应，返回的一个或多个参数值。

（5）Trap：使代理能够向管理工作站通告重要的事件。它是由代理进程主动发出的报文，用以通知管理进程某些事件的发生，如异常事件、系统日志等。

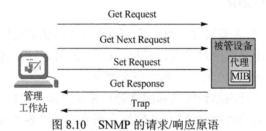

图 8.10　SNMP 的请求/响应原语

管理工作站和管理代理之间通过 SNMP 协议进行信息传输，实现 SNMP 请求/响应原语操作，SNMP 的上层传输协议为 UDP 协议，原语在管理工作站和管理代理之间的操作的 UDP 端口为 161:162。其中，Get Request、Get Next Request、Set Request、Get Response 四个原语，服务端口为 161，Trap 原语发起者是管理代理，接收方是管理工作站，服务端口为 162。原语操作如图 8.11 所示。

图 8.11　SNMP 的请求/响应原语操作

8.3.4 SNMP 协议报文格式

一个 SNMP 报文由三个部分组成：公共 SNMP 首部（公共部分）、Get/Set 首部或 Trap 首部（指令部分）、变量绑定（Variable-Bindings）（数据部分）。SNMP 协议的封装方式及其协议格式如图 8.12 所示。

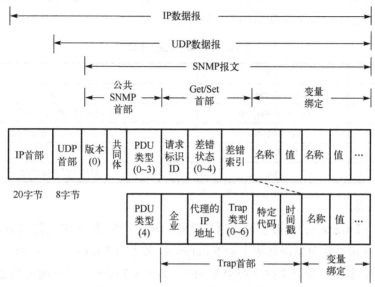

图 8.12 SNMP 协议封装及其协议格式

1）公共 SNMP 首部

（1）版本：版本号减 1。对于 SNMPv1 应写入 0，对于 SNMPv3 应写入 2。

（2）共同体（Community）：由管理代理和若干个网络管理工作站应用程序组成，每个共同体通过团体名（即一个字符串）来区别。团体名实际上是一个相关权限的密码，表示具有"可以访问哪些节点，可以访问的类型（读/写）"这样的权限。SNMPv1 使用团体名来进行安全机制管理。

（3）PDU 类型：根据 PDU 的类型（表 8.1），填入 0~4 中的一个数字。对于 SNMPv1，其指的就是 5 个原语类型。

表 8.1 公共 SNMP 首部中基本 PDU 类型

PDU 类型	名字
0	Get-Request
1	Get-Next-Request
2	Get-Response
3	Set-Request
4	Trap

2）Get/Set 首部

Get/Set 首部用以指出 Get 标识及其有无差错。

（1）请求标识 ID（Request ID）：由管理进程设置的一个整数值。代理进程在发送 Get-Response 报文时也要返回此请求标识，用以匹配请求与响应。

（2）差错状态（Error Status）：由代理进程回答时填入 0~4 中的一个数字，表示 5 个差错状态（表 8.2）。

（3）差错索引（Error Index）：当出现 2、3、4 差错时，由代理进程在回答时设置一个整数，它指明有差错的变量在变量列表中的偏移。

表 8.2　差错状态描述表

差错状态	名字	含义
0	Get-Request	正确
1	Get-Next-Request	回答超出 SNMP 报文容许大小
2	Get-Response	对不存在的变量进行了操作
3	Set-Request	对无效值或无效语法的 set 操作
4	Trap	只读变量不能修改

3）Trap 首部

（1）企业（Enterprise）：被管设备所属企业。填入产生 Trap 报文的网络设备的对象标识符。此对象标识符在对象命名树上的 Enterprises 节点{1.3.6.1.4.1}下面的一棵子树上。

（2）Trap 类型：共分为 7 种（类型 0~6），如表 8.3 所示。当使用类型 2、3 和 5 时，在报文后面变量部分中的第一个变量应标识相应的接口。

（3）特定代码（Specific-Code）：若 Trap 类型为 6，则指明代理自定义的事件，否则为 0。

（4）时间戳（Timestamp）：自代理进程初始化到 trap 报告的事件发生所经历的时间。

表 8.3　trap 类型表

Trap 类型	名字	含义
0	coldStart	代理完成初始化（冷启动）
1	warmStart	代理完成重新初始化（热启动）
2	linkDown	接口从工作状态转变为故障状态
3	linkUp	接口从故障状态转变为工作状态
4	authenticationFailure	代理从 SNMP 管理进程接收到无效共同体的报文
5	EGPNeighborLoss	EGP 路由器进入故障状态
6	enterpriseSpecific	"特定代码"所指明的代理自定义事件

4）变量绑定

（1）指明一个或多个变量的名和对应的值。

（2）在 Get 或 Get-Next 请求报文中，变量的值应忽略。

（3）变量的值在 Set 与 Response 报文中有用。

8.3.5　管理信息库

MIB 定义了网络管理系统控制的数据对象，是监控网络设备标准变量的集合。它定义了可以通过 SNMP 协议进行访问的管理对象的参数集合，即代理进程中所有可以被查询和修改的参数。网络管理员可以直接或通过管理代理软件来控制这些数据对象，以实现对网络设备的配置和监控。

每个被管理的 SNMP 设备均维护 MIB，MIB 的每一项包含一些信息：对象类型、语法、访问字段及状态字段等。MIB 的项通常由协议规定，并且严格遵守 ASN.1 的格式。图 8.13 是常用的 SNMP MIB 对象值。

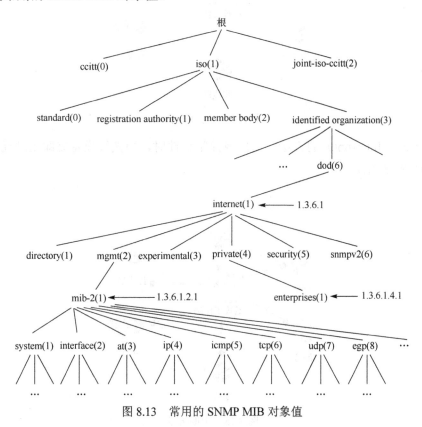

图 8.13　常用的 SNMP MIB 对象值

8.3.6　SNMP 管理方式

受 SNMP 管理的被管设备可与位于网络某处的 SNMP 管理工作站进行通信，通信的方法主要包括三种。

（1）轮询（Polling）的方法。通常在一定时间间隔内由网络管理设备与被管设备进行通信，接受轮询的设备被管理设备询问当前的状态或统计信息，代理软件不断地收集统计数据，并把这些数据记录到一个 MIB 中，如图 8.14 所示。

轮询方法通常在一定时间间隔内由管理设备主动发起轮询指令，用以收集网络数据，具有占用被管设备资源少的优势。但是，该方法存在着当被管设备出现错误时不能实时报告错误的问题，如果轮询间隔时间较长，则关于一些大的灾难事件的通知就可能太慢；如果轮询间隔时间太短，则容易造成网络拥塞现象。

图 8.14　轮询方法

（2）中断（Interrupt）的方法。在出现异常事件时，由被管设备立即主动通知管理工作站，如图 8.15 所示。

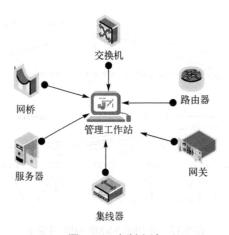

图 8.15　中断方法

在这种网络管理方法中，如果产生错误或自陷，需要即时向管理设备发送错误信息，将不可避免地消耗系统资源与系统时钟周期，从而降低系统的工作效率。如果中断消息包含很多统计数据，数据量较大，则组织和传输这些数据也会导致网络性能下降。

（3）面向自陷的轮询方法。由被管设备代理来控制轮询数据报的传递，时间间隔由被管设备定。这种方法减轻了在轮询过程中管理工作站的工作负担，并且在控制台上用数字或图形的表示方式来显示这些数据，如图 8.16 所示。

图 8.16　面向自陷的轮询方法

8.3.7　基于 SNMP 的 VPN 管理架构

SNMP 协议常被用作 VPN 的管理协议，图 8.17 是一种基于 SNMP 的 VPN 管理架构，VPN 中心网关所保护的是中心局域网，VPN 普通网关保护的是远程局域网，两种 VPN 实体相连，构成一个基于公共网络的安全 IP-VPN 系统。

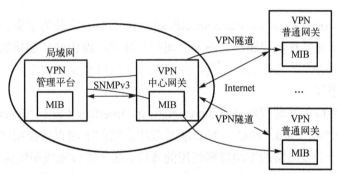

图 8.17　一种基于 SNMP 的 VPN 管理架构

每个 VPN 网关上均维护自己的 MIB（包括 VPN 实体管理信息、VPN 策略信息、隧道安全关联信息、安全审计日志等），VPN 管理平台具有定义、配置、维护被管设备 MIB 的功能，可以控制、管理、获取 VPN 网关的 MIB，对其进行可视化管理，实现对安全 VPN 系统的安全管理、策略管理、隧道管理与 VPN 管理。VPN 网关与 VPN 管理平台之间的 MIB 信息传输采用的就是 SNMPv3 协议，以实现对 VPN 系统的安全管理功能。

第9章 VPN系统实现机制

本章重点从 Windows 和 Linux 两个平台来阐述 VPN 系统的实现机制。

9.1 Windows 下 VPN 系统的设计

9.1.1 Windows 下数据包截获接口

接入客户端是 VPN 系统的重要组成部分,它实现的优劣直接影响 VPN 系统的性能以及网络的适应性。基于 Windows 的 VPN 系统的设计,需要分析 Windows 下数据包的截获接口,主要包括传输层的 TDI 和 Winsock、网络层的 Packet-Filter 和 Firewall-Hook 以及数据链路层的 NDIS,如图 9.1 所示。

1)NDIS

NDIS 为 Network Driver Interface Specification 的缩写。它是为了提高编写网络驱动程序的效率,也为了使各种协议驱动在网卡之间相互独立,而由微软创建的网络驱动程序界面规范。NDIS 驱动程序包括三种类型,分别为网络接口卡驱动程序、中间层驱动程序、高层协议驱动程序等。

微端口网络接口卡驱动程序(Miniport Network Interface Card Drivers)管理网络接口卡(Network Interface Card,NIC),NIC 驱动程序在它的下端直接控制网络接口卡硬件,在它的上端提供一个较高层的驱动能够使用的接口,这个接口完成初始化网卡、停止网卡、发送和接收数据包、设置网卡的操作参数等。NIC 驱动程序分为无连接的和面向连接的两类,无连接的 NIC 驱动程序控制的是无连接的网络介质上的网卡,如 Ethernet、FDDI、令牌网等;面向连接的 NIC 驱动程序控制的是有连接的网络介质上的网卡,如异步传输模式(ATM)网络。

中间层协议驱动程序(Intermediate Protocol Driver)位于高层协议驱动程序和微端口网络接口卡驱动程序之间。在高层的传输层驱动程序看来,其像一个微端口驱动程序,而在底层的微端口驱动程序看来,其像一个协议驱动程序,使用中间层协议驱动程序的原因主要是为了传输媒质,存在于对于传输驱动未知和微端口管理之间的新的媒质类型。由于其位于高层协议驱动与微端口网络接口卡驱动之间,使得来自传输层的数据和来自网络的数据都必须要经过它,所以,在该层可以拦截数据包进行数据包的过滤、加密等处理。

高层协议驱动程序(Upper Level Protocol Driver)像 TCP/IP 协议一样,一个协议驱动程序完成 TDI 接口或者其他应用程序可识别的接口来为用户提供服务。这些驱动程序可分配数据包,将用户发来的数据复制到数据包中,然后通过 NDIS 将数据包发送到低层的驱动程序,这个低层的驱动程序可能是中间层驱动程序,也可能是微端口驱动程序。当然,在它的下端也提供了一个协议层接口，用来与低层驱动程序交互，其中主要的功能为接收由低层传来的数据包。这些通信基本上都是由 NDIS 完成的。

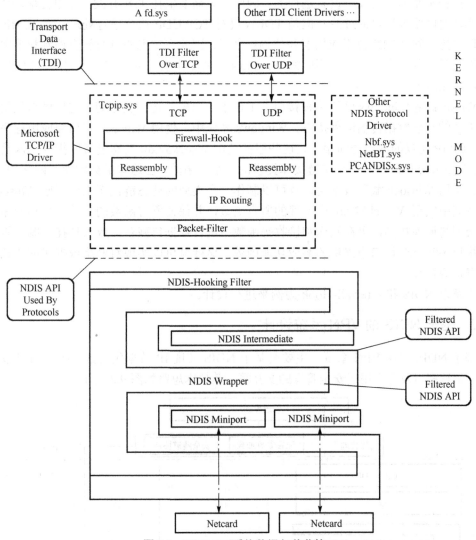

图 9.1　Windows 系统数据包截获接口

2）Packet-Filter 和 Firewall-Hook

Packet-Filter 和 Firewall-Hook 都采用 Hook 的方式来实现数据包的截获、过滤。具体方法是通过注册过滤的钩子函数，在钩子函数中实现对数据包的处理功能，如依据防火墙规则实现数据包的静态过滤、依据 VPN 安全策略与安全关联（SA）实现对数据包的封装加密认证处理等，钩子函数具有一定的优先级，依据实现的功能以及网络的协同性来进行定义。

3）TDI

TDI（Transport Driver Interface）为传输层驱动接口，是 Windows 操作系统中通用的内核传输接口，它工作在传输层，属于高层驱动，位于 Tcpip.sys 之上。在 Windows 2000/NT

下，IP、TCP、UDP 是在 Tcp.sys 驱动程序里实现的。这个驱动程序创建了几个设备：DeviceRawIp、DeviceUdp、DeviceTcp、DeviceIp、DeviceMulticast 等，应用程序所有的网络数据操作都是通过这几个设备进行的。因此，只需要依托 TDI 开发一个过滤驱动程序，就可实现对网络数据包的过滤，但是 TDI 仅仅对 TCP/UDP 协议进行处理，对 ICMP 协议不足以支持；同时 TDI 位于应用层和传输层之间，因此在实现的时候就会遇到和采用动态链接库相类似的问题，而且在不同的 Windows 系列操作系统中，需要不同的编程方法。

　　4）Winsock

Winsock 是 Windows 网络编程接口，工作于应用层与传输层之间，它提供与低层传输协议无关的高层数据传输编程接口。Windows 系统中，使用 Winsock 接口为应用程序提供基于 TCP/IP 协议的网络访问服务，这些服务是由 Wsock32.dll 动态链接库提供的函数库完成的。Winsock 接口是一个动态链接库提供的一系列函数，由这些函数实现对网络的访问，因此，采用 Winsock 截获数据包，就可以制作一个类似的动态链接库来代替原 Winsock 接口，在其中实现 Wsock32.dll 中实现的所有函数，并保证所有函数的参数个数和顺序、返回值类型与原库相同，可在发送和接收等函数中进行数据包截获，放入外挂控制代码，最后调用原 Winsock 接口中提供的响应功能函数，这样就可以实现对网络数据包的拦截、修改和发送等操作。

　　本章以 NDIS 和 Firewall-Hook 为例来进行设计。

9.1.2　基于 NDIS 的 VPN 系统设计

　　基于 NDIS 实现 VPN 系统，主要是基于 NDIS 实现 IP 数据包过滤总控、VPN 安全处理、加密解密以及与应用层安全管理的交互等。其技术思路如图 9.2 所示。

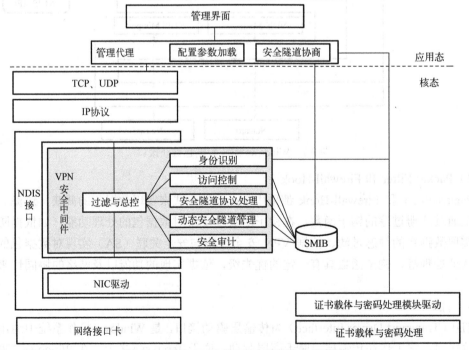

图 9.2　基于 NDIS 的 VPN 系统设计示意图

（1）VPN 安全中间件。该部分是一个具有 VPN 处理功能的 NDIS 中间驱动。过滤与总控，处于 NDIS 中间驱动层，是接收和发送的必经之路，以在第二层过滤所有的协议数据流，也是所有处理的调度与总控，以防止出现旁路；身份识别，用于识别使用此 VPN 系统的用户，并将用户身份与网络数据流控制进行绑定，以控制数据包的处理、转发以及用户审计等；访问控制，实现数据流的包过滤处理以及 VPN 安全策略的判别，使得 VPN 系统在确保用户上网的同时，也能够安全接入内部网络进行访问；安全隧道协议处理，依据安全隧道协议对数据包进行封装、加密、认证等处理；动态安全隧道管理，主要完成动态安全隧道的建立、撤销等，与 SMIB 进行交互；安全审计，审计进出 VPN 系统的网络数据流及其处理情况。

（2）证书载体与密码处理。证书载体是存放用户数字证书的电子钥匙等硬件载体；密码处理负责安全隧道协议处理时的加密、报文认证码计算等密码处理。用户数字证书用于用户身份识别与动态安全隧道协商时的身份认证。

（3）管理代理。它是管理界面与 VPN 中间件之间的桥梁，将管理界面配置的参数信息加载到内核层，动态安全隧道协商在这一层进行，协商的结果加载到 SMIB 数据库中。

（4）管理界面。提供端系统用户本地化配置的友好界面，包括安全策略、安全隧道、安全审计以及相关参数配置等。

（5）SMIB。SMIB（Secure Management Informaiton Base）包括安全策略、安全隧道等，在内核层以链表的方式存在。

9.1.3　基于 Firewall-Hook 的 VPN 系统设计

Firewall-Hook 驱动是指通过 Firewall-Hook 接口注册在 TCP/IP 驱动上的驱动程序。TCP/IP 驱动执行每个注册过的 Firewall-Hook 驱动的回调函数，根据 Firewall-Hook 驱动内置规则处理本机收发和转发的 IP 数据包。

从 Windows 2000 开始，微软增加了对 Firewall-Hook 驱动程序的支持。Firewall-Hook 驱动被用来管理流经 TCP/IP 协议栈内防火墙的数据包。Windows XP 中，微软添加了一个具有全状态过滤功能的内置防火墙。图 9.3 为系统防火墙的结构简图：实现它的 Ipnat.sys 是一个 Firewall-Hook 驱动程序，同时这个防火墙也具有处理网络地址转换（NAT）的功能。所有的防火墙规则都存储在地址转换列表中。

基于 Firewall-Hook 的包过滤技术可以通过以下方法实现：在 Firewall-Hook 接口注册一个过滤驱动程序，截获流经该接口的输入输出请求包（IRP）。提取所截获的 IRP 中 IP 数据包的信息，如源地址、目标地址或端口号，与过滤驱动中的过滤规则对比，决定通过还是丢弃该数据包。Firewall-Hook 在协议栈中的位置如图 9.4 所示。

根据 TCP/IP 协议栈的 IP 数据包处理流程，可以看出 Firewall-Hook 驱动处于 IP 层，它是在 TCP/IP 过滤组件之下注册在 IP 驱动上的过滤驱动，因此可以直接进行 IP 层处理。而且，Firewall-Hook 驱动位于数据包分段重组之上，所以 Firewall-Hook 收到的是重组后的数据包，IPsec.sys 处理的数据包同样也为完整的大包。Firewall-Hook 接口上可以注册任意多个过滤函数，每个注册过滤函数都指定了优先级，系统按照优先级的顺序一个个调用这些函数直到有一个函数返回"DROP PACKET"。如果所有的过滤函数都返回"ALLOW

PACKET"，则该包通过过滤，这样，这些过滤函数就构成了一条包处理链，每个函数的位置由其优先级确定，类似于 Linux 下数据包过滤的处理。

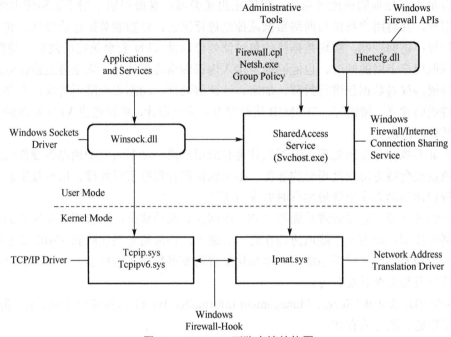

图 9.3　Windows 下防火墙结构图

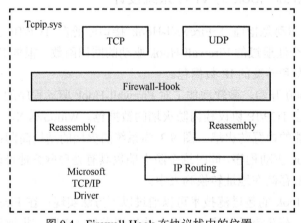

图 9.4　Firewall-Hook 在协议栈中的位置

Firewall-Hook 接口处理如图 9.5 所示。

（1）按优先级顺序排列过滤函数，其中，第一个过滤函数有最高的优先级。

（2）当数据包到达 IP 驱动程序时，IP 驱动程序将数据包传递给最高优先级的过滤函数，等待返回值。

（3）过滤函数依据过滤策略，对数据包进行过滤，并返回处理结果。

（4）若过滤函数返回"ALLOW PACKET"，则将数据包交给下一个优先级的过滤函数。

（5）若过滤函数返回"DROP PACKET"，则对数据包进行丢弃。

如果所有的过滤函数都允许通过此数据包，则把该数据包重新交给网络流程处理函数。

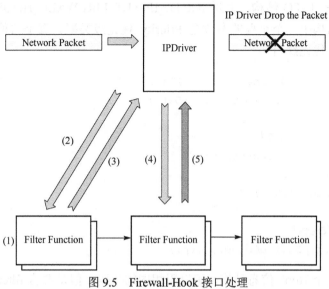

图 9.5　Firewall-Hook 接口处理

从以上可以看出，在多个函数使用 Firewall-Hook 接口的情况下，可以将 IPsec 处理函数设置成最低的优先级，即将优先级置 1，这样 IPsec 过滤驱动对数据包进行处理就有最终的决定权。

作为一个挂接在功能驱动之上的过滤驱动程序，Firewall-Hook 过滤驱动的代码结构与其他过滤驱动非常相似，仅需要调用相应的数据结构和过滤函数，根据 Firewall-Hook 接口特点编写过滤函数，就可以实现基于 Firewall-Hook 包过滤。

Firewall-Hook 过滤函数收到的数据包的结构比较复杂，整个数据包由一个缓冲链组成，像 Filter-Hook 驱动一样，Firewall-Hook 驱动只是一个内核模式驱动，被用来安装一个回调函数，但是与 Filter-Hook 不同的是，它是安装在 IP 驱动上的回调函数。在 ipFirewall.h，中定义了 Hook 的数据结构：

```
typedef struct _IP_SET_FIREWALL_HOOK_INFO
{
        // Hook 函数指针
        IPPacketFirewallPtr FirewallPtr;
        // Hook 函数的优先级
        UINT Priority;
        // 如果值为 TRUE, 那么安装该函数; 否则删除
        BOOLEAN Add;
} IP_SET_FIREWALL_HOOK_INFO, *PIP_SET_FIREWALL_HOOK_INFO;

#define DD_IP_DEVICE_NAME L\\Device\\Ip
#define _IP_CTL_CODE(function, method, access) \
        CTL_CODE(FSCTL_IP_BASE, function, method, access)
#define IOCTL_IP_SET_FIREWALL_HOOK \
        _IP_CTL_CODE(12, METHOD_BUFFERED, FILE_WRITE_ACCESS)
```

　　这些程序解释了怎么样安装一个回调函数。用回调函数的数据填充一个 IP_SET_
FIREWALL_HOOK_INFO 结构，发送 IOCTL_IP_SET_FIREWALL_HOOK 给 IP 设备以注
册该结构。这个结构中一个重要的参数是 Priority 优先级类型。每个这种类型的参数都包
含一个过滤函数的优先级值。

```
PDEVICE_OBJECT ipDeviceObject=NULL;
IP_SET_FIREWALL_HOOK_INFO filterData;
//...
// 初始化 filterData 结构
FirewallPtr = filterFunction;
filterData.Priority = 1;
filterData.Add = TRUE;
//...
// 向 IP 驱动发送信息
IoCallDriver(ipDeviceObject, irp);
```

　　如果要注销这个 Hook 信息结构，可以用相同的代码，但是要将 filterData.Add 的值改
成 FALSE。

　　Firewall-Hook 过滤函数不像 Filter-Hook 驱动一样，发送和收到的数据包包含数据报头
和报文内容的缓冲区，而是一个 IPRcvBuf 结构，该结构由指针 pData 指向，发送和接收的
数据包被传递给参数 pData。

```
struct IPRcvBuf
{
    struct IPRcvBuf *ipr_next;
    // Always 0
    UINT ipr_owner;
    // Buffer data
    UCHAR *ipr_buffer;
    // Buffer data size
    UINT ipr_size;
    PMDL ipr_pMdl;
    // Always a pointer to NULL
    UINT *ipr_pClientCnt;
    UCHAR *ipr_RcvContext;
    UINT ipr_RcvOffset;
    ULONG ipr_promiscuous;
};
```

　　在 VPN 客户端的设计中，只需要知道 ipr_next、ipr_buffer 和 ipr_size 三个参数，其中，
ipr_buffer 中包含 ipr_size 比特大小的数据。但是，一个完整的数据包需要存储在不止一个
缓冲区中，系统将这些缓冲区链接在一起。由于这个原因，参数 ipr_next 被使用，用于指
向下一个数据包内容。图 9.6 显示说明 Firewall-Hook 中数据包的组织方式。

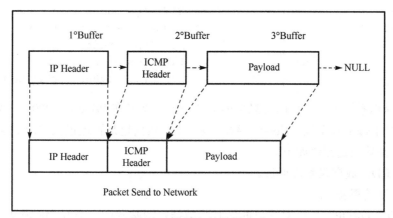

图 9.6　数据包的组织方式

下一段代码说明，如何从链接的缓冲区中获得一个完整数据包的线性缓冲区。

```
char *pPacket = NULL;
int iBufferSize;
struct IPRcvBuf *pBuffer = (struct IPRcvBuf *) *pData;

//首先获得数据包的总长
iBufferSize = buffer->ipr_size;
while(pBuffer->ipr_next != NULL)
{
    pBuffer = pBuffer->ipr_next;
    iBufferSize += pBuffer->ipr_size;
}
// 为线性的缓冲区申请内存空间
pPacket = (char *) ExAllocatePool(NonPagedPool, iBufferSize);
if(pPacket != NULL)
{
    unsigned int iOffset = 0;
    pBuffer = (struct IPRcvBuf *) *pData;

    // 复制缓冲区链中的内容到新的线性缓冲区
    memcpy(pPacket, pBuffer->ipr_buffer, pBuffer->ipr_size);
    while(pBuffer->ipr_next != NULL)
    {
        iOffset += pBuffer->ipr_size;
        pBuffer = pBbuffer->ipr_next;
        memcpy(pPacket + iOffset, pBuffer->ipr_buffer,
                         pBbuffer->ipr_size);
    }
}
```
Firewall-Hook 中的 Hook 函数描述如下：
```
FORWARD_ACTION cbFilterFunction(VOID **pData,
                         UINT RecvInterfaceIndex,
```

```
                              UINT *pSendInterfaceIndex,
                              UCHAR *pDestinationType,
                              VOID *pContext,
                              UINT ContextLength,
                              struct IPRcvBuf **pRcvBuf);
```

在新版操作系统中，参数的信息可能会改变，这些是在 Windows 2000 和 Windows XP 中的测试。对于每个数据包，Hook 函数将被调用，数据包是否通过由 Hook 函数的返回值决定。Hook 函数的返回值如下。

FORWARD：数据包允许通过。

DROP：丢弃数据包。

ICMP_ON_DROP：丢弃数据包的同时给数据包源站发送一个 ICMP 报文。

因为这些传递给 Hook 函数的参数在不同的驱动中是不同的，对于 Firewall-Hook 需要实现一个中间媒介函数，它包围在 Hook 函数（真正的 Firewall-Hook 钩子函数）外面，下面的代码段详细说明了解决方法。

```
FORWARD_ACTION cbFilterFunction(VOID **pData,
UINT RecvInterfaceIndex,
UINT *pSendInterfaceIndex,
UCHAR *pDestinationType,
VOID *pContext,
UINT ContextLength,
struct IPRcvBuf **pRcvBuf)
{
    FORWARD_ACTION result = FORWARD;
    char *pPacket = NULL;
    int iBufferSize;
    struct IPRcvBuf *pBbuffer =(struct IPRcvBuf *) *pData;
    PFIREWALL_CONTEXT_T fwContext = (PFIREWALL_CONTEXT_T)pContext;
    IPHeader *pIpHeader;

    // 将缓冲区链表转化线性缓冲区
    // ...
    pIpHeader = (IPHeader *)pPacket;

    //调用真正执行过滤功能的函数
    result = FilterPacket(pPacket,
                          pPacket + (pIpHeader ->headerLength * 4),
                          iBufferSize - (pIpHeader ->headerLength * 4),
                          (fwContext != NULL) ? fwContext->Direction: 0,
                          RecvInterfaceIndex,
                (pSendInterfaceIndex != NULL) ? *pSendInterfaceIndex : 0);
    return result;
}
```

定义了 Hook 函数之后，需要对 Hook 函数进行注册。

驱动入口函数 DriverEntry：

```
NTSTATUS DriverEntry(IN PDRIVER_OBJECT DriverObject,
 IN PUNICODE_STRING RegistryPath)
```

第一个参数指向初始化的 Firewall-Hook 驱动程序对象，该对象就代表驱动程序。第二个参数是注册该设备服务的键名。在驱动入口函数中设置开放给其他驱动程序调用的函数指针，其他驱动程序就可以直接调用这个驱动程序的功能函数来完成任务。

在 DriverEntry 中调用 IoCreateDevice，创建一个使用 Firewall-Hook 驱动的设备对象，I/O 管理器就可以向该设备对象发送指定的 IRP。

```
IoCreateDevice(DriverObject,
                     0,
                     &deviceNameUnicodeString,
                     FILE_DEVICE_FWHOOKDRV,      //设备服务的类键名
                     0,
                     FALSE,
                     &deviceObject)
```

在 DriverEntry 中，I/O 管理器把 MajorFunction 中的每个数组元素都初始化，指向新生成设备对象的派遣函数。

```
DriverObject->MajorFunction[IRP_MJ_CREATE]       =
DriverObject->MajorFunction[IRP_MJ_CLOSE]        =
DriverObject->MajorFunction[IRP_MJ_DEVICE_CONTROL] = DrvDispatch; //设备
派遣函数
...
```

驱动程序将设置与需要处理的 IRP 类型相对应的指针元素，使它们指向相应的派遣函数。在派遣函数中，执行对 IRP 的处理。

根据 IRP 请求，在派遣函数中，调用设置过滤函数 SetFilterFunction，填写 IP_SET_FIREWALL_HOOK_INFO 结构。

```
IP_SET_FIREWALL_HOOK_INFO filterData;
filterData.FirewallPtr = cbFilterFunction; //包过滤函数
filterData.Priority    = 1;                 //优先级
filterData.Add         = load;              //执行加载过滤函数
```

再调用 IoBuildDeviceIoControlRequest 安装 IP_SET_FIREWALL_HOOK_INFO，并发送 IOCTL IOCTL_IP_SET_FIREWALL_HOOK 到 IP 设备对象。

```
IoBuildDeviceIoControlRequest(IOCTL_IP_SET_FIREWALL_HOOK,
                              ipDeviceObject, //IP 设备对象
                              (PVOID) &filterData,
                              sizeof(IP_SET_FIREWALL_HOOK_INFO),
                              NULL,
                              0,
```

```
                                            FALSE,
                                            &event,
                                            &ioStatus);
```

这样包过滤函数就注册到 IP 设备上了。当数据包流经 IP 设备时，该包的 IRP 请求将被转发给设备派遣函数 DrvDispatch。根据派遣函数中对过滤函数的设置，执行对 IP 数据包的过滤。

9.2　Linux 下 VPN 系统的设计

9.2.1　Linux 下数据包截获接口

Linux 系统源代码是公开的，因此可以通过修改源代码的方式或者驱动模块的方式进行 VPN 的研发。本章重点阐述 Linux 下的网络数据包过滤框架，以该框架讲述 Linux 下 VPN 系统的设计。

Netfilter 提供了一个抽象、通用化的包处理框架，包过滤/跟踪连接/NAT 功能在该框架上得到了很好的实现，使得内核中的网络代码更加有序。Netfilter 框架主要包括以下三部分。

（1）为每种网络协议（IPv4、IPv6 等）定义一套钩子函数（为 IPv4 定义了 5 个钩子函数），这些钩子函数在数据报流过协议栈的几个关键点时被调用。在这几个关键点中，协议栈将把数据包及钩子函数标号作为参数来调用 Netfilter 框架。

（2）内核模块能够注册到各种协议的任何 Hook 点上。当数据包被送到 Netfilter 框架时，内核检查在 Hook 点上是否有注册的模块。若有，则这些注册的模块就可以按照一定的次序检查或者修改数据包，并返回 NF_ACCEPT（接收）、NF_DROP（丢弃）、NF_STOLEN（模块接管该数据包）、NF_QUEUE（数据包进行排队）或 NF_REPEAT（再次调用该 Hook 函数进行处理）。

（3）排队的数据包可以被传递到用户空间进行异步处理。

Netfilter 是通过 NF_HOOK()函数进行数据包处理的，该函数依次执行相对应的 Hook 点上的 Hook 函数，根据返回值来对该数据包进行处理。如果返回值是 NF_ACCEPT，那么继续执行网络流程上的 okfn 函数，因此在 Linux 中网络部分通过这个函数来完成基于 Netfilter 框架的功能。IPv4 中，Netfilter 框架如图 9.7 所示。

Netfilter 框架的五个 Hook 点。

（1）NF_IP_PRE_ROUTING：数据包在经过一些简单检查后，被送到这个 Hook 点。

（2）NF_IP_LOCAL_IN：经过路由选择后，如果数据包的目标地址是本机，则要通过这个 Hook 点。

（3）NF_IP_FORWARD：经过路由选择后，如果是需要转发的数据包，则数据包被送到这个 Hook 点。

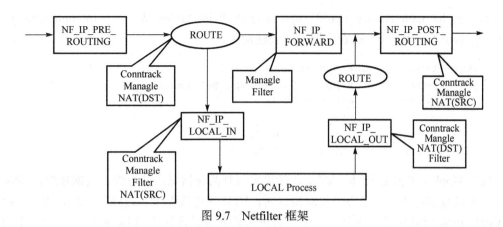

图 9.7　Netfilter 框架

（4）NF_IP_POST_ROUTING：在传输到网络中前，数据包要经过的最后一个 Hook 点。

（5）NF_IP_LOCAL_OUT：本机进程发出的数据包要经过此 Hook 点。

数据包从左边进入系统，进行 IP 校验以后，数据包经过第一个 Hook 点 NF_IP_PRE_ROUTING 进行处理；然后进入路由代码，其决定该数据包需要转发还是由本机进行处理，若该数据包应该本机处理，则在 NF_IP_LOCAL_IN Hook 点处处理后传递给上层协议，若该数据包应该被转发，则在 NF_IP_FORWARD Hook 点处处理；处理后的数据包经过最后一个 Hook 点 NF_IP_POST_ROUTING 处理以后，再传输到网络中。

仅仅有 Netfilter 框架是不能成为防火墙系统的，Linux 内核实现了 IP Tables 的包选择系统。它包括三个表：过滤（Filter）表用来实现对数据包的过滤；网络地址转换（NAT）表用来实现网络地址转换功能；处理（Manage）表用来实现对数据包的修改。它们是相互独立的模块，都完美集成到由 Netfilter 提供的框架中。防火墙包过滤规则由三部分内容组成：IP 头的内容、指定的匹配内容和规则匹配时执行的目标，即 entry+match+target 。轨迹跟踪（用于记录数据包间的关系）功能模块在 Netfilter 框架中的实现，使得基于状态检测的防火墙成了可能。

9.2.2　基于 Netfilter 的 VPN 系统设计

分别对表、match 和 target 进行扩展，定义 VPN 表、指定的匹配规则和执行目标。所有进入网关的数据包都要被网关转发到内部子网或者外网中，据 Netfilter 框架来看，不论路由模式下还是启桥模式下，只需经过 NF_IP_FORWARD Hook 点将其转发到网络数据包的目的地即可。基于这一点，采用该 Hook 点处注册 VPN 表的方法实现 VPN 的功能。

1）vpn 表设计

vpn 表结构：

```
struct ipt_table ipsec_vpn={
.name        ="VPN",//表的名称
.table       =&initial_table.repl, //表的初始化
.valid_hooks =VPN_VALID_HOOKS,      //有效的 Hook 点
.lock        =RW_LOCK_UNLOCKED,
.me          =THIS_MODULE };
```

ipt_register_table(&ipsec_vpn)把 vpn 表注册到 ipt_tables 链表上；ipt_unregister_table (&ipsec_vpn)则从 ipt_table 链表上把 vpn 表注销掉。

```
static struct nf_hook_ops ipt_vpn_ops={
       .hook        =vpn_in_packet/vpn_out_packet,
       .owner       =THIS_MODULE,
       .pf          =PF_INET,
       .hooknum     =NF_IP_FORWARD,
       .priority    =NF_IP_PRI_VPN  };
```

此为 Hook 点操作结构体。VPN 处理优先级有两种情况：当为进入数据包时，VPN 优先级高于包过滤防火墙；当为外出数据包时，VPN 优先级低于包过滤防火墙，因此，此时的 VPN Hook 函数应具有两个，一个为对进入数据包进行处理的 Hook 函数，另一个为对外出数据包进行处理的 Hook 函数。nf_register_hook(&ipt_vpn_ops)把 Hook 函数注册到相应的 Hook 点上；nf_unregister_hook(&ipt_vpn_ops)把该 Hook 函数从 Hook 点的 Hook 函数链表中注销掉。Hook 函数对 VPN 表查找匹配的和指定的规则，根据匹配的条件找到匹配的策略（SPD 查询），然后得到对应的 SA，进行 VPN 处理。

2）match 的扩展

定义新的匹配函数（match 函数），实现新的包过滤。同 Netfilter 的扩展项类似，在内核也存在一个 match 链表，所有的匹配函数都注册在这个链表上。ESP 协议既在一定程度上解决了和 NAT 的协同问题，又满足在支持 VPN 方面的适用性，而且 ESP 协议在安全性方面可以完全取代 AH 协议，所以仅对 ESP 协议进行匹配 match 的扩展，设计的网关中仅使用 ESP 协议。

ESP 协议：

```
static struct ipt_match esp_match = {
       .name       = "esp",
       .match      = &match,
       .checkentry = &checkentry,
       .me         = THIS_MODULE };
```

其中，checkentry 函数用来检查 IPsec 策略规则是否符合要求；match 函数是所扩展的协议指定匹配函数，例如，spi_match 也用于对 SAD 进行查询。

3）target 的扩展

目标 target 的扩展与匹配 match 的扩展基本一样。在内核中也有一个链表，所有的目标函数都在这个链表上。和 match 一样，仅对 ESP 协议扩展。

```
static struct ipt_target esp_target = {
       .name       = "esp",
       .match      = &target,
       .checkentry = &checkentry,
       .me         = THIS_MODULE };
```

其中，target 是对符合匹配规则的数据包进行处理（即 IPsec 处理，对外出数据包进行加密、认证、封装等操作，对进入数据包进行解密、认证、解封装等操作）的目标处理函数。

　　设计了相应的结构以后，下面给出了 VPN 处理的整个流程，如图 9.8 所示。不论被网关保护的内网裸包（没经过 IPsec 处理）还是外网的 IPsec 包，都要经过网关路由/桥进行数据包的转发，对这两种类型的包，仅仅使用 FORWARD 数据链进行数据包的处理，然后，进行数据包的转发，要么转发到内网，要么转发到外网。

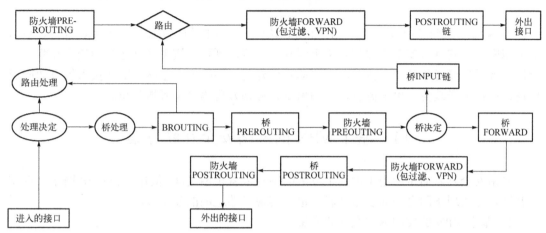

图 9.8　基于 Netfilter 的 VPN 处理流程

　　数据包通过进入的接口进入 VPN 网关，对于被网关保护的内网的数据包来说，进入的接口是 eth0（内网口）；对于外部网络来说，则是 eth1（外网口）。从流程图中看到，不论桥模式还是路由模式下，进入网关的数据包都要经过防火墙 PREROUTING 链，因此在该链中可对数据包进行轨迹跟踪、DNAT 等功能处理，然后，所有转发到外网或本地子网的数据包，经过路由或者直接进入防火墙的 FORWARD 链进行转发，由于 VPN 处理 Hook 函数注册在 FORWARD 链上，所以当数据包经过 FORWARD 链进行转发时，VPN 处理在此处进行。当从内网外出的数据包经过 FORWARD 链时，由于 VPN 处理的优先级低于包过滤的优先级，因此，首先进行包过滤处理，对于符合规则的数据包，在 VPN 表中查找相应的匹配规则（根据匹配条件查询 SPD），如果有相应的匹配规则，则检索 SA，对数据包进行加密、认证以及封装等处理；如果没有，则直接通过。随后数据包进入防火墙 POSTROUTING 链，并调用 ip_refrag 进行数据包的分段操作，若还需源地址转换，那么在此处进行 SNAT 处理，再发送到外网中。当从外网进入的数据包经过 FORWARD 链时，由于 VPN 处理的优先级高于包过滤的优先级，因此首先进行 SA 查找，对 VPN 数据包进行解密、认证、解封装等处理，然后，进行安全策略的一致性检查，若策略一致，则交由下一步处理，否则丢弃数据包。最后，数据包进入 POSTROUTING 链进行处理，若进行反向 SNAT 处理，则进行地址转换，并转发至内部网络。

　　从流程图中看出，该网关不仅可以在路由模式下进行 VPN 处理，而且在桥模式下，也能够实现 VPN 处理。因此，设计的 VPN 网关具有灵活性、易操作性，而且支持桥模式，有利于支持多协议，处理多协议时只需单个控制点，无须处理系统在分用后的多个不同第三层协议点；而且局域网 VPN 即 VPLS 模式的支持主要依赖网桥实现，只有在第二层，才能支持 VPLS 模式；真正的即插即用，高度透明，同时便于支持现代新型网络协议，如 IEEE 802.1q(VLAN)、HSRP 等基于第二层的协议。

第 10 章　VPN 典型的网络安全解决方案

VPN 通过安全隧道技术，并采用加密、认证、访问控制等机制构建安全、独占、自治的虚拟网络，它具有安全传输与安全组网两大功能，既可以实现网络之间的安全互联，又可以实现远程或者移动安全接入，在移动安全办公、网络安全组网、随遇接入等方面应用广泛，可在电子政务、电子商务、移动稽查、移动办税等多个领域应用。

10.1　基于 VPN 的网络安全互联方案

网络安全互联通常应用于地理上分散的站点或者子网之间，依托于公共 IP 网络实现安全互联，可实现子网之间的安全互联，也可实现终端之间的安全互联。

1）基于 VPN 的校园网安全互联方案

图 10.1 为某个大学四个校区的安全互联方案示意图。该方案设计的目的是确保四个校区互联后数据传输的安全。从图中可以看出，四个校区分别通过服务提供商连接到公开的互联网中，在每个校区的网络边界处部署 VPN 安全网关。建立校区之间的安全隧道，如 $<SG1,SG2,SA_{12}>$、$<SG1,SG3,SA_{13}>$、$<SG1,SG4,SA_{14}>$等；配置校区之间的安全策略，如 $<191.0.0.99,193.0.0.88,VPN>$、$<191.0.0.99,192.0.0.78,VPN>$、$<191.0.0.99,194.0.0.65,VPN>$ 等；在安全策略的允许、安全隧道的保护下，实现校区内用户之间的安全通信。

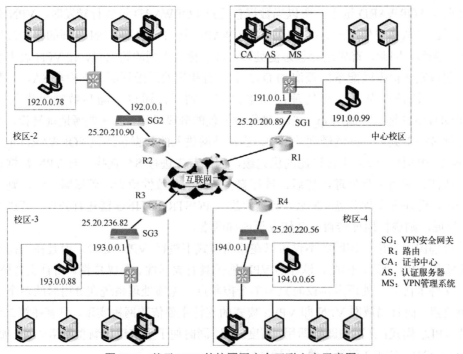

图 10.1　基于 VPN 的校园网安全互联方案示意图

2）基于 VPN 的端用户安全互联方案

VPN 也可以保护端与端的之间安全互联，如图 10.2 所示。连接公共网络的终端上，安装 VPN 系统软件。端与端之间的安全互联可采用两种模式：一种为静态安全隧道模式；另一种为动态安全隧道模式。

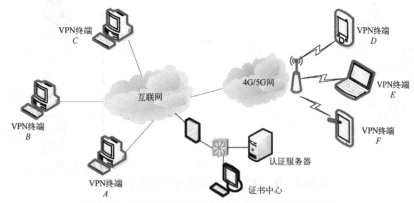

图 10.2　基于 VPN 的端用户安全互联方案示意图

若为静态安全隧道模式，则在终端上配置静态安全隧道，例如，从 VPN 终端 A 到 VPN 终端 B，此时要求终端 IP 地址已知，并配置采用的安全协议、工作模式、加密算法、认证算法以及加密/认证密钥等，同时，配置 VPN 终端 A 到 VPN 终端 B 的安全策略。若终端 A 与终端 C 进行安全互联，同样如此。

若为动态安全隧道模式，则可以在互联网上部署一个认证系统，如图 10.2 中的基于数字证书的认证系统由证书中心和认证服务器组成，分别为终端用户分配数字证书。若终端 A 请求与 VPN 终端 B 建立安全互联，则终端 A、终端 B 分别凭借自身的数字证书向认证服务器进行认证，认证服务器记录下双方 IP 地址，并协助终端 A 和终端 B 协商双方通信所需的密钥材料等，由此建立 A 和 B 的安全隧道，在该安全隧道的保护下双方进行安全通信。终端 A 或终端 B 中，有一方下线后，动态安全隧道自动撤销。

10.2　基于 VPN 的移动安全接入方案

移动安全接入通常应用于移动终端或远程固定终端依托公共网络（如互联网、4G/5G 网络）接入访问某一内部网络业务系统，目的是在出差、移动作业等情况下进行远程安全办公。

1）基于 VPN 的移动安全办公方案

基于 VPN 的移动安全办公方案示意图如图 10.3 所示，用户可依托互联网等公共网络远程或移动安全接入企业/政府等单位的内部网络，进行内部服务的访问或者办公。该方案中，内部网络与公共网络的边界处部署 VPN 安全网关，移动或者远程用户终端机安装 VPN 系统软件。当 VPN 终端进行远程安全接入时，首先向内部网络进行身份认证，认证通过后，协商 VPN 终端与 VPN 安全网关之间的安全隧道，并在 VPN 终端以及 VPN 安全网关上配置安全策略，控制接入用户的访问权限，以此实现移动或远程用户的安全接入访问。

2）基于专网与 VPN 相结合的远程安全办公方案

基于专网与 VPN 相结合的远程安全办公方案示意图如图 10.4 所示。

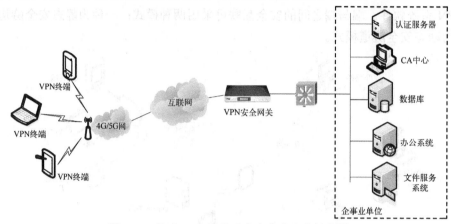

图 10.3　基于 VPN 的移动安全办公方案示意图

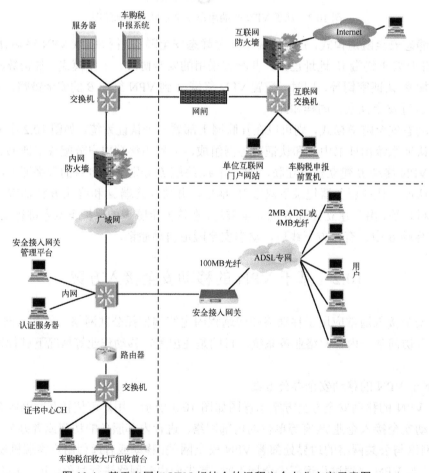

图 10.4　基于专网与 VPN 相结合的远程安全办公方案示意图

该方案与图 10.3 方案相比，依托的公共网络不是互联网，而是服务提供商构建的专用网络，服务提供商通过对远程用户部署专线，将远程用户纳入到其定义的专网中。目前服务提供商进行专网构建时，大多采用的是 MPLS 协议。远程用户通过专线，实现接入认证、安全隧道的协商以及接入访问内部服务器。

10.3　VPN 综合网络安全解决方案

VPN 综合网络安全解决方案是指在安全需求中既要求安全组网，又要求移动安全办公等，并融合其他的安全防护措施，如防火墙、入侵检测、防病毒、应用访问控制等，来确保内部网络的安全。

1）典型的基于 VPN 的综合网络安全解决方案

图 10.5 为一个典型的基于 VPN 的综合网络安全解决方案。在该方案中，通过 VPN 安全网关实现远程局域网与本地内网之间的安全互联；通过 VPN 安全客户端与 VPN 安全网关之间建立安全隧道，实现移动或远程用户接入访问本地内网或远程局域网。同时，为确保内部网络的安全性，在内网与互联网之间的网络边界处部署了防火墙、防毒墙以及入侵检测系统，实现对外来数据流的过滤，防止攻击的数据流以及病毒进入内网。在人员对服务的访问方面，采用面向应用的授权与访问控制，限定用户对应用服务的细粒度访问控制。在内网终端上，也可以部署安全公文包，确保保密的文件不被窃取等。

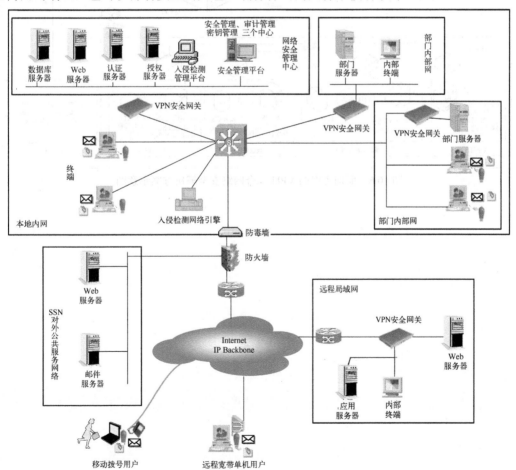

图 10.5　典型的基于 VPN 的综合网络安全解决方案示意图

2）面向等保的 VPN 综合网络安全解决方案

面向等保的 VPN 综合网络安全解决方案（图 10.6）主要针对的是三级及以上信息系统的安全防护，针对不同敏感级别的用户、服务，采用 VPN 安全设备，构建多级安全通道，实现不同级别用户依托不同的安全通道访问不同级别的服务资源，以进行不同级别的安全保障。在该方案中，除了采用 VPN 实现安全互联之外，在内网中还可按照不同的敏感级别划分不同的区域，来实现不同资源的分区控制与分类防护，做到适度安全。

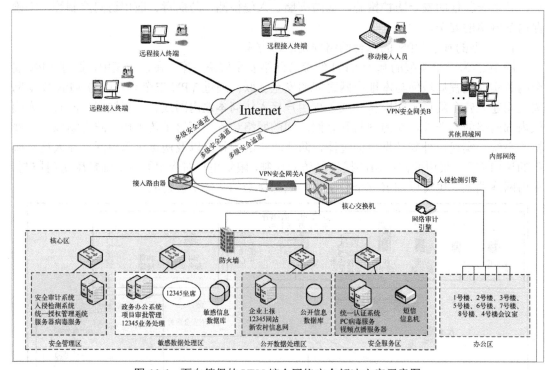

图 10.6　面向等保的 VPN 综合网络安全解决方案示意图

参 考 文 献

曹利峰，2005. 基于状态包检测的 VPN 网关的设计与实现[D]. 郑州：中国人民解放军信息工程大学.

曹利峰，陈性元，杜学绘，2006. 基于 Netfilter 框架的 VPN 网关的一体化设计[J]. 计算机工程与应用，42(2)：128-130, 137.

曹利峰，陈性元，杜学绘，2007. 基于轨迹跟踪的 VPN 处理模式[J]. 计算机工程，33(24)：184-185,188.

曹利峰，陈性元，杜学绘，等，2011. 基于用户的 VPN 安全审计模式[J]，计算机应用与软件，28(12)：75-77,80.

曹利峰，杜学绘，陈性元，2007. 基于 TCP 封装的 IPSec 和 NAT 协同方案[J]. 计算机工程与设计，28 (18)：4370-4372,4376.

曹利峰，杜学绘，陈性元，2008. 一种新的 IPsec VPN 的实现方式研究[J]. 计算机应用与软件，25(7)：66-67,118.

曹利峰，杜学绘，杨晓红，等，2010. 3G 网络环境下移动安全接入控制的设计[C]. Proceedings of international conference of China communication and information technology (ICCCIT2010). Scientific Research Publishing：143-146.

陈洪恩，2018. 基于 L2TP 的 VPN 设计与实现[D]. 武汉：湖北工业大学.

陈家益，2011. MPLS VPN 端到端 QoS 解决方案的应用研究[J]. 计算机科学，38(S1)：389-391.

陈亮，王建，赵勇，2017. 基于多核处理器的 IPSec VPN 系统安全策略检索研究[J]. 计算机工程与应用，53(23)：67-71.

陈小辉，高燕，2008. 基于 L2TPV3 的 VPN 研究与实现[J]. 中国高新技术企业，14(5)：110-111,118.

陈星宇，2013. L2TP 技术在 VPN 中的研究与实现[D]. 北京：中国地质大学.

陈性元，2003. 基于虚拟子网的安全 VPN 技术研究[D]. 郑州：中国人民解放军信息工程大学.

陈性元，杨艳，任志宇，2008. 网络安全通信协议[M]. 北京：高等教育出版社.

丁轶凡，吉逸，翟明玉，2000. 基于 SOCKS 的 VPN 系统的研究与实现[J]. 东南大学学报(自然科学版)，30(2)：12-16.

杜学绘，陈性元，曹利峰，等，2007. 一体化移动安全接入系统的设计与实现[J]. 计算机工程与设计，28(24)：5854-5857.

杜学绘，陈性元，王亚弟，等，2007. 一种新的一体化移动安全接入体系结构[J]. 计算机工程，33(13)：158-160.

DAVIS C R，2002. IPsec：VPN 的安全实施[M]. 周永彬，冯登国、徐震，等译. 北京：清华大学出版社.

龚真，2013. SSL VPN 系统的设计与实现[D]. 西安：西安电子科技大学.

韩冰，2019. 基于 MPLS VPN 的拓扑还原与可视化系统[D]. 济南：山东大学.

韩秋锋，2005. 基于 SOCKS V5 代理的防火墙中强认证机制的研究与实现[D]. 泉州：华侨大学.

何宝宏，田辉，2008. IP 虚拟专用网技术 [M]. 2 版. 北京：人民邮电出版社.

胡鼎，2013. SSL VPN 身份认证的研究[D]. 合肥：安徽大学.

李拴保，2005. 基于策略的防火墙安全管理平台设计与实现[D]. 郑州：中国人民解放军信息工程大学.

林丹，2008. 基于点对点隧道协议的虚拟专网的实现及应用[J]. 农业网络信息(5)：115-117.

刘佳，2004. 网元化防火墙安全管理平台的研究[D]. 郑州：中国人民解放军信息工程大学.

刘健，2012. MPLS VPN 在电子政务中的设计与应用[J]. 科技资讯，10(9)：34.

柳勤，2002. Socks 防火墙的研究与实现[D]. 南京：南京航空航天大学.

马蕴一，2020. BGP/MPLS VPN 技术分析[J]. 网络安全技术与应用(8)：11-12.

孟博，王丹华，王雪，等，2011. 基于 PPTP-SSH 隧道网关的 VPN 系统研究与实现[J]. 广西大学学报(自然科学版)，36(S1)：127-130.

钱雁斌，陈性元，杜学绘，等，2006. 两种 VPN 隧道交换模式的一体化设计[J]. 微计算机信息，22(30)：6,56-58.

钱雁斌，陈性元，杜学绘，等，2007. VPN 隧道交换体系结构研究[J]. 计算机工程与设计，28(14)：3334-3336.

王谨旗，2020. 基于国家标准的 SSL VPN 安全网关研究与实现[J]. 无线互联科技，17(4)：30-31.

王俊，2011. 基于 MPLS 的跨域 VPN 研究[D]. 南京：南京邮电大学.

王爽，2005. SNMPv3 协议安全机制的研究与实现[D]. 郑州：中国人民解放军信息工程大学.

吴晓辉，2011. IPsecVPN 双机热备系统设计与实现[D]. 武汉：华中科技大学.

夏宏斌，2016. MPLS VPN 技术简介[J]. 承德石油高等专科学校学报，18(5)：56-60.

夏哲学，2020. 基于 MPLS-VPN 技术的 QoS 实现[J]. 电子世界(5)：162-163.

谢大吉，2011. 基于 PPTP 的 VPN 技术研究[J]. 四川文理学院学报，21(2)：58-60.

杨晓红，杜学绘，曹利峰，2011. 基于隐式安全标记的 IPsec 研究[J]. 计算机工程，37(13)：109-112.

尹文琪，2015. 基于国密算法的 SSL VPN 的设计与实现[D]. 西安：西安电子科技大学.

张梅，2006. SSL VPN 关键技术研究与系统设计[D]. 郑州：中国人民解放军信息工程大学.

张梅，张红旗，杜学绘，2006. 基于 PKI 的 SSL 协议的描述及安全性分析[J]. 微计算机信息，22(36)：3,51-53.

张梅，张红旗，杜学绘，2006. 一种实现随机端口的 SSL VPN[J]. 微计算机信息，22(33)：52-54.

张明，陈性元，杜学绘，等，2009. 基于防火墙钩子的 IPSec VPN 研究与实现[J]. 计算机工程，35(4)：154-156.

张翔宇，魏国伟，2020. 基于 GRE 和 IPSec 的 MPLS L2 层 VPN 技术研究与实现[J]. 网络空间安全，11(5)：85-90.

张越，2018. 国密 IPSec VPN 安全机制研究与实现[D]. 西安：西安电子科技大学.

赵菁，2017. IPsec vpn 与 SSL vpn 比较与分析[J]. 数字技术与应用(10)：183-184.

周怀江，张月琳，2001. 基于 PPTP 技术的虚拟专用网络[J]. 计算机工程与应用，37(22)：92-94.

邹昭源，2015. MPLS VPN 技术的应用[D]. 西安：西安电子科技大学.

ZELTSERMAN D，2000. SNMPv3 与网络管理[M]. 潇湘工作室，译. 北京：人民邮电出版社.